小家装修早知道
施工验收 ▶ 视频篇

孙琪 王国彬 黄肖 主编

土巴兔集团股份有限公司 土巴兔家居生态研究院 组织编写

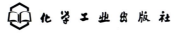

·北京·

内容简介

本书以施工流程为分章依据,全书分为六章,内容包含装修拆除施工、装修水电施工、泥瓦工现场施工、木工现场施工、油漆工现场施工和安装现场施工,所有内容都围绕装修施工的实际步骤展开,介绍了每个施工项目的特点以及需要额外注意的地方,并且在每个施工步骤的最后,加入了验收的内容,帮助读者更好地检验施工质量。

本书可供有装修需求和未来有装修可能的业主,以及对装修感兴趣的业主阅读参考。

随书附赠资源,请访问 https://cip.com.cn/Service/Download 下载。在如右图所示位置,输入"41195"点击"搜索资源"即可进入下载页面。

图书在版编目(CIP)数据

小家装修早知道. 施工验收视频篇 / 孙琪,王国彬,黄肖主编;土巴兔集团股份有限公司,土巴兔家居生态研究院组织编写. —北京:化学工业出版社,2022.6
ISBN 978-7-122-41195-2

Ⅰ.①小… Ⅱ.①孙… ②王… ③黄… ④土… ⑤土… Ⅲ.①住宅-室内装修-建筑施工-工程验收 Ⅳ.①TU767

中国版本图书馆CIP数据核字(2022)第059578号

责任编辑:王 斌 吕梦瑶   文字编辑:冯国庆
责任校对:田睿涵   装帧设计:韩 飞

出版发行:化学工业出版社(北京市东城区青年湖南街13号 邮政编码100011)
印　装:中煤(北京)印务有限公司
710mm×1000mm 1/16 印张10 字数176千字 2022年7月北京第1版第1次印刷

购书咨询:010-64518888   售后服务:010-64518899
网　址:http://www.cip.com.cn
凡购买本书,如有缺损质量问题,本社销售中心负责调换。

定　价:68.00元   版权所有 违者必究

编写人员名单

主 编

孙 琪　王国彬　黄 肖

副主编

徐建华　刘 稳　周文杰　李旭青
高国彬　杨晓林　孙智超

参 编

华 敏　安 森　廖 浪　赵恒芳
刘雅琪　杨 柳　党莹莹　王广洋

目录
CONTENTS

第一章
装修拆除施工

墙体拆除： 拆改墙体前一定要规划清楚 / 002

墙、地砖拆除： 拆除从门口位置开始 / 004

木地板拆除： 从墙角开始顺着龙骨方向拆 / 007

壁纸撕除： 从壁纸和吊顶的接缝处慢慢撕 / 009

墙、顶面漆铲除： 先用水湿润再铲除 / 011

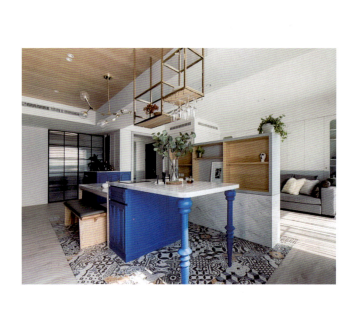

第二章
装修水电施工

水电定位： 注意紧凑有序 / 014

画线、开槽： 不同管线分开画 / 020

铺管道： 给排水管铺设注意大面积走横管 / 025

打压测试： 测试时应使用清水 / 029

涂刷防水层： 涂刷 2 遍不能少 / 031

闭水试验： 蓄水时间保持 24~48h / 033

电路布管： 管线与管道距离大于 300mm / 036

穿线： 管内电线数量不可超过 3 根 / 039

水电封槽： 小家封槽先地面再墙面 / 041

拓展·快速验收

水路验收：严格操作，必做打压测试 / 043

电路验收：检查是否遵循安全布线规则 / 050

第三章
泥瓦工现场施工

砌砖墙： 砖体提前浇水湿润 / 060

水泥砂浆找平： 洒水养护 7 天不能少 / 063

自流平找平： 地面一定要打磨平整 / 066

墙面砖铺贴： 非整砖应排在角落 / 068

地面砖铺贴： 小家铺砖前地面要清理干净 / 071

窗台板安装： 窗台板安装在窗框安装之后 / 074

石材饰面安装： "重量级"石材要用轻钢架 / 077

拓展·快速验收

泥瓦工工程验收：检查表面更要检查细节 / 080

第四章
木工现场施工

吊顶施工： 封板前隐蔽工程一定要合格 / 094
木地板铺装： 地面不平影响施工质量 / 097
软包施工： 墙面基层记得涂防腐涂料 / 100
门窗安装： 门套矫正不能省 / 102

拓展·快速验收

木工工程验收：要美观也要实用 / 106

第五章
油漆工现场施工

石膏、腻子基层施工： 晾干期间最好不进行其他施工 / 120
乳胶漆施工： 涂刷 3 遍以上 / 123
壁纸施工： 做好墙体处理 / 125

拓展·快速验收

油漆工工程验收：检查是否规范施工 / 128

第六章
安装现场施工

水龙头安装： 安装完毕后及时检查 / 140
洗脸盆安装： 安装前一定要测量好尺寸 / 142
坐便器安装： 排污管高出地面 10mm/ 146
淋浴花洒安装： 阀门与弯头要进行试接 / 148
地漏安装： 地漏最好低于地砖 3~5mm/ 150
浴霸安装： 通风口在吊顶上方 150mm 处 / 152

拓展·快速验收

安装工程验收：检查安装是否稳固，运转是否顺畅 / 154

怎样拆改既安全又省钱

第一章
装修拆除施工

入手了二手房或是遇到格局差强人意的新房想要改动，就会涉及拆除施工。拆除施工可以包括墙体拆除，墙、地砖拆除，地板拆除，门窗拆除……在完成拆除工作后，还要考虑垃圾清运的问题。

墙体拆除：
拆改墙体前一定要规划清楚

装修时不能拆的承重墙，它们在哪

当户型出现问题，需要通过改变墙体来解决时，就会涉及拆除墙体的施工。

 步骤一　定位拆除线

对照墙体拆改图纸，用粉笔在墙面上画出轮廓，避开插座、开关、强电箱等电路端口，对隐藏在墙体内部的电线做出标记，以防进行切割作业时损伤电路，造成危险。

 步骤二　切割墙体

① 使用手持式切割机切割墙体时，先从上向下切割竖线，再从左向右切割横线。切割深度保持在 20～25mm。墙体的正反面都需要切割。

② 使用大型墙壁切割机作业时，切割深度以超过墙体厚度 10mm 为宜。

步骤三　打眼

① 风镐不可在墙体中连续打眼，要遵循"多次数、短时间"的原则。

② 拆除大面积墙体时，应使用风镐在墙面中分散、均匀地打眼，以减少后期使用大锤拆墙的难度。

步骤四　拆墙

① 用大锤进行拆墙作业时，先从侧边的墙体开始，逐步向内侧拆墙。进行拆墙作业时切记，不能将下面的墙体全部拆完后，再拆上面的墙体。应当从下面的墙体开始，逐步、呈弧形向上面扩展，防止墙体发生坍塌。

② 拆墙遇到穿线管时，不可将穿线管砸断，应保留穿线管，让其自然地垂挂在墙体中。

③ 在接近拆除线的位置施工时，可使用风镐拆墙。使用大锤时应避免用力过猛，以免破坏其他部分墙体。

小家更要区分不可拆除的墙体

很多房屋的空间布局可能并不符合使用需求,因而需要拆除墙体,以便于重新划分空间。所以,区分墙体是否可拆除便成为空间规划的重要一环。

① 根据经验判断。

在拆墙时,可以先依据经验对墙体的性质做一些初步判断,把握房屋墙体的大致情况,以便于进行功能的进一步划分。

可拆除的墙体	不可拆除的墙体
·厚度在120mm以下的砖砌墙体 ·敲击声清脆且有较大回声的轻体墙 ·长度超过4m的墙体的中间位置 ·主卧室邻近主卫的墙体	·厚度在360mm左右的建筑外墙 ·敲击声沉闷的墙体 ·十字交叉、T形交叉位置的墙体 ·内部含有钢筋的混凝土墙体 ·阳台边的矮墙

② 查看建筑图纸。

判断墙体能否拆改,最直接的方式是查看房屋的建筑施工图纸。一般的建筑施工图纸中剪力墙为黑色填充,其余部分代表砖砌或混凝土墙体(根据不同的制图规范,墙体填充的方式可能会有所不同),虚线部分代表横梁。通过查看图纸,可确定室内墙体可拆除的部分。

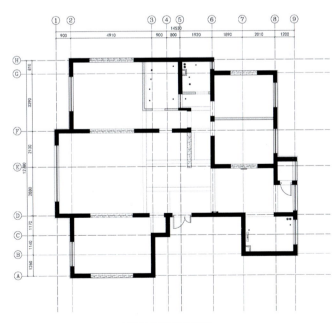

▲某住宅建筑平面图

墙、地砖拆除：
拆除从门口位置开始

很多人发现瓷砖在使用了一些年之后就觉得陈旧，颜色会渐渐地发生变化，所以就想进行翻新，重新粘贴，此时就要对之前的瓷砖进行拆除。还有一些人购买了二手房，那么瓷砖拆除也是必经的步骤。瓷砖拆除有很多需要特别注意的地方，操作不当会破坏其他设施，所以要格外注意。

步骤一　拆墙砖

① 从窗口的位置开始拆除，因为窗口的墙砖容易撬开。具体的拆除方法与步骤二拆除地砖一样。

② 从窗口开始后，先拆除到顶面，再向地面拆除，这样拆除安全系数高，可避免墙砖脱落。

步骤二　拆地砖

① 保留地砖拆除方法。

若要保留地砖，拆除时需要仔细。方法是从门口位置开始拆除（门口的地砖有一边露在外面，使用撬棍容易撬开），将紧挨门口的地砖用撬棍或凿子撬起，然后用扁凿一片片地往里撬，直到将所有的地砖拆除。

> **支招！　保护地砖的拆除方式**
>
> 如果水泥砂浆的牢固度较低，可以用锤子将扁凿敲进地砖和水泥地面中间的缝隙，这样可以将整块地砖撬起来，而不会损伤到地砖。

② 粉碎地砖拆除方法。

使用冲击钻将地砖打碎，将水泥砂浆层搅碎，到楼板位置停止。待所有地砖全部粉碎后，统一装袋，堆放在一起，准备清运到楼下。

▲冲击钻粉碎地砖

常见的地砖施工方法

① 什么叫湿式施工？

湿式施工就是直接将水泥抹在瓷砖后面，然后铺在地面上。如果使用的是规格尺寸比较小的地砖并且地面平整度较好，采用湿式施工比较好，这样可以减少地面厚度。

② 什么叫干式施工？

干式施工就是地面以水泥铺实，再铺上干砂，以砖压实后，再浇水泥砂浆贴砖，砖背要加黏着剂，并以木槌敲平表面。

③ 湿式施工和干式施工的对比。

施工方法	适合砖类	地点	优点	缺点	留缝
湿式	30cm×60cm以下瓷砖	地面、墙面	工时快，价格便宜	平整度较差，砖内易有空气，日后易起鼓	留缝大小依需求而定
干式	60cm×60cm以上瓷砖	地面	砖面平整度好，砖底不易有空隙，不易变形	工时较长，价格较贵，水泥基底层较厚，可能会占用空间层高	可接近无缝（1~2mm）

木地板拆除：
从墙角开始顺着龙骨方向拆

有时候因为房屋翻新需要将木地板拆除，而有时候因为保养不当，导致木地板被拆除。对于很多人来说，往往不了解木地板拆除的方法。有的拆除方法，木地板拆除之后就不能用了，有的则可以继续使用。这里主要介绍旧木地板还可以继续使用的拆除方法。

步骤一　拆踢脚线

① 使用撬棍或羊角锤将门口侧边的踢脚线撬起。室内门拆除后，门口的踢脚线侧边就会露出来，从这里开始拆除可节省力气，不会破坏踢脚线。

② 将遗留在墙面上的踢脚线固定件依次拆除，和踢脚线统一堆放在一起。

步骤二　拆木地板

使用撬棍或羊角锤将墙角的木地板撬起，观察木龙骨的铺设方向，然后决定木地板的拆除方向。拆除木地板时，顺着龙骨铺设方向进行，可减少对木地板的损坏。

▲撬棍和羊角锤

▲拆木地板

步骤三　拆木龙骨

找到龙骨钉的安装位置，使用锤子从侧边用力敲击，使木龙骨脱离地面和龙骨钉。将较长的木龙骨分两段或三段敲断，统一堆放到一起。

步骤四　清理

清理地面，将地面上遗留的杂物统一清扫到一起。

壁纸撕除：
从壁纸和吊顶的接缝处慢慢撕

旧房翻新时经常会遇到壁纸重铺的情况，若要粘贴新壁纸，则需要将旧壁纸剥除，这样可以使新壁纸更加结实地粘在墙上。不建议在旧壁纸上直接粘新壁纸，因为黏合剂受潮后，会导致新旧壁纸一起从墙面上脱落。最好请专业的工人进行撕除施工，以保证墙面的完整。

步骤一 撕除壁纸

① 找到壁纸与壁纸的接缝处,从覆盖在上面一层的壁纸开始撕除。

② 找到壁纸和吊顶的接缝处,从上到下撕除壁纸,过程要缓慢、匀速,防止撕断壁纸。

③ 第一遍撕除过后可能只撕除了表皮,壁纸下面的一层纸还粘在墙上,这些面积有大有小,应该准备第二遍撕除壁纸。

▲撕除壁纸

步骤二 清理残余壁纸

用滚筒蘸水,待滚筒稍微沥干后,使用半湿的滚筒滚涂墙面,打湿残留的壁纸。待壁纸湿透后,使用塑料铲将残留的壁纸全部铲除。

支招! **撕除壁纸技巧**

壁纸在被水打湿的情况下更好撕除,既节省力气,又不会对墙面基层造成损害。

墙、顶面漆铲除：
先用水湿润再铲除

墙皮脱落、发霉怎么办

　　无论是新房还是旧房，可能都会面临墙、顶面漆铲除的问题，略微不同的是，对于新房可以不用将石膏层全部铲除掉，但是底漆、腻子和乳胶漆一定要全部铲干净。

步骤一 破坏漆膜

在墙、顶面漆涂刷了防水腻子的情况下,需要使用锋利的刀具将漆面保护膜划开,为下一步墙、顶面的浸水、湿润做准备。

步骤二 湿润墙、顶面

使用蘸水的滚筒,在墙面上滚涂,直到墙、顶面漆完全湿润为止。在滚涂的过程中,不断使用铲刀试着铲除漆面,测试水渗进的程度。

在铲除漆面之前,用水将墙面浸湿,既可避免漆面产生大量灰尘,又能使后续作业更为顺畅。

步骤三 铲除作业

使用铲刀从上到下、从左到右地铲除漆面,直到露出水泥层为止。

▲铲除漆面

3min 看懂水电
改造全流程

第二章
装修水电施工

水路施工是装修施工项目中的隐蔽工程，通常和电路同时施工。水电施工最主要的是管线的铺设，虽然施工的内容比较专业，但我们还是可以简单地了解一些必要的施工步骤和验收标准，以此帮助我们提前察觉出施工中的不规范行为。

水电定位：
注意紧凑有序

弱电这样布线
美观又安全

　　水电定位，在现场交底时会同时进行。通常从厨房或卫生间开始，定位空间内水路和电路的位置及走向。然后从门厅开始，到客厅、餐厅、卧室以及书房等空间，定位灯具、开关、插座和弱电等电路。若在阳台安装洗衣机或拖把池，则会结合厨房、卫生间，共同定位阳台的给水管、地漏等水路。

1. 水路定位从卫生间或厨房开始

 步骤一　查看现场实际情况

　　对照水路布置图（由设计公司提供）以及相关橱柜水路图（由橱柜公司提供），与现场实际对比查看，确定需要改动的地方。

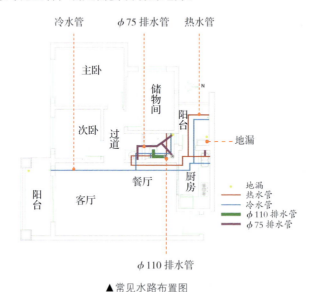

▲常见水路布置图

 步骤二　查看进户水管的位置

　　进户水管一般布置在厨房或卫生间中，然后确定厨房、卫生间的下水口数量和位置，查看阳台的排水立管以及下水口的位置。

步骤三 从卫生间或厨房开始定位

先定位冷水管走向、热水器的位置，再定位热水管走向。这种定位方式可避免出现给水管排布重复的情况。

步骤四 墙面标记

在墙面标记出用水洁具、厨具（包括热水器、淋浴花洒、坐便器、小便器、浴缸以及洗菜槽、洗衣机等）的位置，如下表所示。

用水洁具、厨具水电定位高度

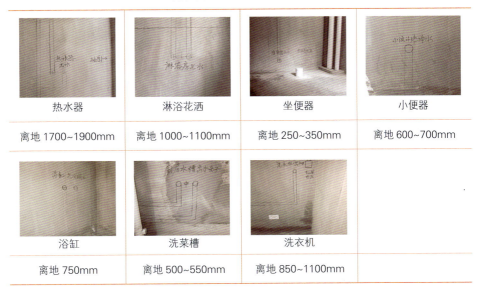

热水器	淋浴花洒	坐便器	小便器
离地 1700~1900mm	离地 1000~1100mm	离地 250~350mm	离地 600~700mm
浴缸	洗菜槽	洗衣机	
离地 750mm	离地 500~550mm	离地 850~1100mm	

步骤五 确定地漏数量

根据水路布置图确定卫生间、厨房改造地漏的数量，以及新的地漏位置；确定坐便器、洗脸盆、洗菜槽、拖把池以及洗衣机的排水管位置。

步骤六 估算水管、配件用量

估算出所用水管、配件用量，并准备材料进场。

2. 电路定位从入户门位置开始

开关难题大整治，
装修早该这样做

步骤一　查看现场所有开关、插座以及灯具的位置

① 很多原始户型中的开关、插座布置位置不标准，基本上都需要后期重新定位。总空开的位置不要轻易改动，因为里面涉及的线路比较复杂。

② 初步定位可采用粉笔画线，并在上面标记出线路走向以及定位高度。

步骤二　从入户门位置开始定位

定位先从入户门开始，确定开关及灯具的位置，然后安排插座。一般情况下，入户门位置的强电箱、弱电箱以及可视电话不建议改动，因为里面涉及的线路比较复杂。

▲入户门位置

步骤三 定位客厅内的开关、插座以及灯具的位置

① 先确定电视墙的位置,然后在其周围分布电视线、插座以及备用插座,使其在一条直线上。再将电话线装配在角几的一端,并装配角几备用插座。

② 毛坯房的电视墙一侧,通常只预留 2~3 个插座和一个电视端口,而且位置很低,彼此的间距很大。

③ 沙发墙一侧的插座,通常会预留在沙发的背后,不便于使用,需要重新设计位置。

④ 确定灯具和开关的线路走向,考虑双控开关的安装位置。若客厅是敞开式并与餐厅一体,则可将餐厅主灯开关与客厅主灯开关设计在一起。

⑤ 客餐厅一体式空间,开关布线应集中在靠近过道的位置。

⑥ 客厅的电路改造要善于利用原有的线路,以减少新布线的长度。

▲客厅电路定位

▲电视墙定位细节

步骤四 围绕餐桌定位餐厅电路

① 围绕餐桌分布备用插座。如果餐桌邻墙,则插座设计在墙上;反之则设计为地插。

② 面积较小的角落式餐厅,插座应设计在餐桌正靠的墙面上,开关则设计在靠近过道与厨房的位置。

▲餐厅电路定位

步骤五 定位卧室内的开关、插座以及灯具的位置

① 卧室内的开关需定位在门边,与门口保持 150mm 以上的距离,与地面保持 1200~1350mm 的距离;床头一侧需定位灯具双控开关,与地面保持 950~1100mm 的距离。

② 卧室内的空调插座应定位在侧边靠墙角的位置,或空调的正下方。

③ 卧室内的电视插座与电视线端口应布置在床的中间,而不应靠近窗户。

④ 卧室床头柜两侧各安装两个插座,一侧预留电话线端口。

⑤ 床头双控开关应安装在床头柜插座的正上方。

▲卧室空调定位

▲卧室双控开关定位

步骤六 定位书房内的电路

① 书房内的开关定位在门口,离地 1200~1350mm 的距离,灯具定位在房间中央。

② 插座应围绕书桌定位,若书桌的位置靠近墙面,则应将插座设计在墙面中,离地 500~950mm;若书桌设计在房间的中间,则应在书桌的正下方设计地插。

步骤七 定位卫生间内的电路

① 卫生间内的灯具应定位在干区的中央,浴霸、镜前灯等开关应定位在门口,并设计防水罩。

② 坐便器位置的侧边,需预留一个插座;洗手柜的内侧,需预留一个插座。

▲坐便器、洗手柜插座定位

步骤八 过道及其他空间的电路定位

① 长过道的灯具定位间距要保持一致,在过道两端设计双控开关。

② 玄关内的灯具应定位在吊顶的中央,开关设计在入户门的侧边。

画线、开槽：
不同管线分开画

很多人会纠结水电布线要不要画线、开槽，其实开槽会起到保护管线的作用，若不开槽，会使水电管线直接裸露在外边，并且开槽后的管线也比较规范，强弱电叠加到一起的时候，不会互相干扰、削弱信号等。而画线更是可以明确指出最佳的路线，避开钢筋等地方。

1. 水路画线、开槽深度为 25mm 左右

（1）画线施工详解

 步骤一　调整水平仪，弹水平线

将水平仪调试好，根据红外线用卷尺在两端定点，一般离地 1000mm。再按这个点向其他方向的墙上标记点，最后按标记的点弹线。

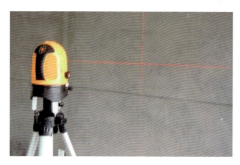
▲水平仪标记

▲转角处弹线需平直

 步骤二　画出墙面水管走向

根据墙面进户水管、水管出水端口的定位位置，画出水管的走向。根据不同的情况，可分为地面走水管与墙面走水管两种。

第二章 装修水电施工

步骤三 保持冷热水管的画线距离

墙面水管弹线画双线，冷热水管画线需分开，彼此之间的距离保持在 200mm 以上、300mm 以下。

步骤四 画出顶面水管走向

顶面水管弹线（画单线），标记出水管的走向。顶面水管不涉及开槽的问题，因此画单线。

▲顶面弹线

 弹线技巧

① 弹长线的方法：先用水平仪标记水平线，然后在需要画线的两端用粉笔标记出明显的标记点，再根据标记点使用墨斗弹线。

▲墨斗线与墙面需保持 90°（直角）

② 弹短线的方法：用水平尺找好水平线，一边移动水平尺，一边用墨斗在墙面上弹线。

▲利用水平尺弹线

（2）开槽施工详解

步骤一 掌握开槽深度

水管开槽的宽度是 40mm，深度保持在 20~25mm。冷热水管之间的距离要大于 200mm，不能垂直相交，不能铺设在电线管道的上面。

步骤二 准备墙面开槽

多竖向开，少横向开，若横向开，宽度不能大于 30mm。若遇到防水重要部分，要做防止开裂的防水处理。

步骤三 使用开槽机开槽

使用开槽机开槽，要从左向右进行，从上向下进行。开槽的过程中需要不断地向开槽处喷水，防止刀具过热及减少灰尘。

步骤四 使用冲击钻开槽

对于一些特殊位置、宽度的开槽，需要使用冲击钻。在使用过程中，冲击钻要保持垂直，不可倾斜或用力过猛。

▲开槽机开槽

▲冲击钻开槽

2. 电路画线、开槽深度不能超过 50mm

（1）画线施工详解

步骤一　对电路各端口位置做文字标记

对强电箱、开关、插座或网线等端口做文字标记。

▲开关文字标记

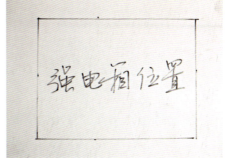
▲强电箱文字标记

步骤二　当开关、插座以及灯位等端口确定后，画出电线的走向

① 墙面中的电路画线，最好竖向或横向，尽量不要有交叉。

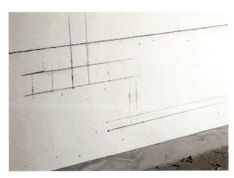
▲墙面画线细节

▲地面画线细节

② 墙面电线走向地面时，需保持线路的平直，不可有歪斜。

③ 地面中的电路画线，不要靠墙脚太近，需保持 300mm 以上的距离，可避免后期墙面木作施工时对电路造成的损坏。

（2）开槽施工详解

步骤一　进行地面开槽

① 开槽需严格按照画线标记进行，地面开槽的深度不可超过50mm。

② 地面90°开槽的位置，需切割出一块三角形，以便于穿线管的弯管。

▲开槽细节

▲直角处开槽

步骤二　进行墙面开槽

① 开槽时，强电和弱电需要分开，并且保持至少150mm的距离。

② 开槽时要严格按照弹线开槽，这样可保证开出的槽口平直整齐。

③ 处在同一高度的插座，开一个横槽即可。

什么是强电？强电布线千万要注意这几点

▲强弱电开槽

▲墙面开横槽

第二章　装修水电施工

铺管道：
给排水管铺设注意大面积走横管

老师傅说，做个二次排水，30年都不漏

给水管和排水管的铺设要分开进行，给水管铺设的长度长、难度大，遍布墙面、顶面和地面；排水管的铺设较为集中，主要分布在地面，铺设时的重点是坡度。

1. 冷热给水管保持 150mm 间距最佳

步骤一　铺设顶面给水管

先安装给水管吊卡件，再铺设给水管。给水管与吊顶间距需保持在 80~100mm，并且与墙面保持平行。吊顶给水管需用黑色隔声棉包裹起来，起到保温、减少噪声、防止漏水的作用。

▲安装给水管吊卡件

▲用隔声棉包裹以保护给水管

步骤二 铺设墙面给水管

① 墙面上不允许大面积走横管,否则会影响墙体的稳固性。当水管穿过卫生间或厨房的墙体时,需离地 300mm 打洞,防止破坏防水层。

② 给水管与穿线管之间应保持 200mm 的间距,冷热水管之间需保持 150mm 的间距,左侧走热水,右侧走冷水。给水管需向内凹进 20mm,以方便后期封槽。

③ 给水管的出水口应用水平尺测平整度,不可有高低、歪扭等情况。

▲给水管和穿线管　　　▲冷热水管　　　▲水平尺测平整度

步骤三 铺设地面给水管

① 当水管的长度超过 6000mm 时,需采用 U 形施工工艺。U 形管的长度不得小于 150mm,不得大于 400mm。

② 地面管路发生交叉时,次要管路必须安装过桥并铺在主管道下面,使整体管道分布保持在水平线上。

 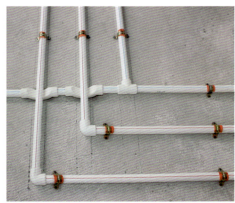

▲U 形施工工艺　　　▲水管交叉处安装过桥

2. 不同空间排水管注意铺设尺寸

步骤一 铺设坐便器排水管

① 改变坐便器下水的位置，最好的方案是从楼下的主管道修改。

② 坐便器改墙排时，需在地面上开槽，将排水管预埋进去 2/3，并保持轻微的坡度。

③ 对于下沉式卫生间，坐便器排水管的安装需具有轻微的坡度，并用管夹固定。

▲墙排改管道

▲下沉式卫生间改管道

步骤二 铺设洗脸盆、洗菜槽排水管

① 洗菜槽排水管需靠近排水立管安装，并预留存水弯。

② 墙排式洗脸盆，排水管高度需预留 400~500mm。

③ 普通洗脸盆的排水管，安装位置离墙边 50~100mm。

▲洗菜槽改管道

▲墙排式洗脸盆改管道

▲普通洗脸盆改管道

步骤三 铺设洗衣机、拖把池排水管

① 洗衣机排水管不可紧贴墙面,需预留出 50mm 以上的宽度。洗衣机旁边需预留地漏下水,以防止积水。

② 拖把池排水管不需要预留存水弯,通常安装在靠近排水立管的位置。

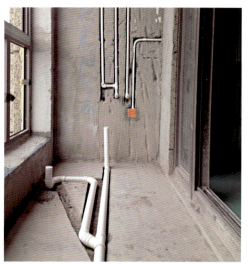
▲洗衣机改管道

▲拖把池改管道

步骤四 铺设地漏排水管

所有地漏的排水管粗细需保持一致,并采用统一的规格。

▲地漏排水管

打压测试：
测试时应使用清水

做水管打压试验，主要就是能让业主提前知道水管的管路连接是否牢固，各个接头是否紧密，是否有漏水的情况，防止后期出现不必要的麻烦。

步骤一 封堵所有的出水端口

首先关闭进水总阀门，然后逐个封堵出水端口，封堵的材料需保持一致。在冷热水管的位置用软管将冷热水管连接起来，形成一个圈。

▲封堵出水端口

▲用软管连接冷热水管

步骤二 连接打压泵

用软管一端连接水管，另一端连接打压泵，然后往打压泵内注满水，调整压力表的指针使其指在 0 的位置。注意测试压力时应使用清水，避免使用含有杂质的水进行测试。

步骤三 开始测压

摇动压杆使压力表的指针指向 0.9~1.0（此刻压力是正常水压的 3 倍），保持这个压力一定时间。对于不同的管材，测压时间也不同，一般为 0.5~4h。

步骤四 逐项检查漏水情况

测压期间逐个检查堵头、内丝接头，看是否有漏水情况发生。在规定的时间内，打压泵的压力表指针没有丝毫下降，或下降幅度保持在 0.1 以内，说明测压合格。

涂刷防水层：

涂刷 2 遍不能少

装修防水施工标准流程，看完再也不被坑

防水指水电基础施工完工后，在卫生间、厨房或阳台再次涂刷防水层，以防止发生漏水现象。主要包括防水层涂刷和闭水试验两部分，防水层涂刷主要集中在卫生间的墙面和地面，厨房的部分地面，阳台的部分地面。在防水层风干之后，应进行闭水试验，检测防水层涂刷的质量。

步骤一　修理基层

铲除的部分应先修补、抹平，基层如有裂缝和渗水部位，应采用合适的堵漏方法先修复。阴阳角区域、弯位等凹凸不平需要找平。对于下沉式卫生间，应先用水泥将地面抹平。

▲修理墙面

▲修理阴角处

步骤二　墙、地面基层清理

墙、地面基层必须完整、无灰尘，应铲除疏松颗粒，施工前可以用水湿润表面，但不能留有明水。

▲基层清理

步骤三 搅拌防水涂料

先将液料倒入容器中,再慢慢加入粉料,同时充分搅拌 3~5min,直至形成无生粉团和颗粒的均匀浆料即可使用。用搅拌器搅拌时,应顺时针搅拌,应搅拌至均匀、无颗粒。

▲倒入液料

▲搅拌防水涂料

步骤四 涂刷防水涂料

从墙面开始涂刷,然后涂刷地面。涂刷过程应均匀,不可漏刷。对转角处、管道变形部位应加强防水涂层处理,杜绝漏水隐患。涂刷完成后,表面应平整、无明显颗粒,阴阳角保证平直。

支招! 防水涂料涂刷顺序和技巧

① 先在墙面上均匀地涂刷 1 遍防水浆料,使其与墙面完整黏结,涂膜厚度约在 1mm 以下,注意避免出现漏刷。

② 待第一层防水浆料表面干燥后(约 2h 后,手摸不粘手),用同样方法按十字交错方向涂刷第 2 遍,至少涂刷 2 遍,对于防水要求高的墙面可涂刷 3 遍(防水涂膜厚度为 1.2~2mm)。

步骤五 喷雾洒水,进行养护

施工 24h 后建议用湿布覆盖涂层或喷雾洒水对涂层进行养护。施工后完全干固前需采取禁止踩踏、淋水、曝晒以及防止尖锐损伤等保护措施。

闭水试验:
蓄水时间保持 24~48h

装修防水要做好,
闭水试验不能少

施工前做的闭水试验是为了更好地完成下一步施工,闭水试验是检验室内防水质量的重要手段。封好门口及下水口,在室内蓄满水达到一定液面高度,24~48h 液面若无明显下降,即为合格。闭水试验完成后,便可继续下一施工环节。

步骤一 封堵卫生间排水管道

防水施工完成后过24h做闭水试验。首先封堵地漏、洗脸盆、坐便器等排水管管口。封堵材料最好选用专业保护盖,在没有的情况下可选择废弃的塑料袋。

▲专业保护盖封堵

▲废弃的塑料袋封堵

步骤二 门口砌筑挡水条

在房间门口用黄泥土等材料做一个20~25cm高的挡水条,也可以采用红砖封堵门口,水泥砂浆则需采用低强度等级的。

▲水泥挡水条

▲红砖挡水条

第二章 装修水电施工

步骤三 开始蓄水

蓄水深度保持在 5~20cm，并做好水位标记。蓄水时间需保持 24~48h，这是保证卫生间防水工程质量的关键。

步骤四 渗水检查

① 第一天闭水后，检查墙体与地面。观察墙体，看水位线是否有明显下降，仔细检查四周墙面和地面有无渗漏现象。

② 第二天闭水完毕，全面检查楼下天花板和屋顶管道周边。从楼下检查时，应先联系楼下业主，防止检查时进不去房屋。

▲ 开始蓄水

▲ 有渗水印迹表明做防水失败

支招！防水涂料的终凝问题

① 卫生间防水施工完，必须等待防水涂料的涂层"终凝"（即完全凝固）后才能试水。

② 各种防水涂料的终凝时间均不同，在产品的执行标准中都有明确规定，需仔细阅读。

③ 防水涂料达到终凝后，不会因为蓄水时间的加长而加速防水层的老化。

电路布管：
管线与管道距离大于 300mm

电路布管是为了让管线的排布更加规整，这样后期有问题时能比较快速地找到问题所在。管线与暖气管道、热水管道、煤气管道的距离要在 300mm 以上，以避免安全隐患。

布管施工重点解读

① 按合理的布局要求布管，暗埋导管外壁距墙表面不得小于 30mm。

② 敷设导管时，直管段超过 30m、含有 1 个弯头的管段每超过 20m、含有 2 个弯头的管段每超过 15m、含有 3 个弯头的管段每超过 8m 时，应加装线盒。

③ 在水平方向敷设的多管（管径不一样的）并设线路，一般要求小规格线管靠左，依次排列，以每根管都平整为标准。

④ 布管排列横平竖直，多管并列敷设的明管，管与管之间不得出现间隙，拐弯处也同样。

⑤ 弱电管线与强电管线相交时，需包裹锡箔纸隔开，以起到防干扰效果。

▲交叉处包裹锡箔纸

⑥ PVC 管弯曲时必须使用弯管弹簧，弯管后将弹簧拉出，弯曲半径不宜过小，在管中部弯曲时，将弹簧两端拴上钢丝，以便于拉动。

⑦ 墙角弯管要安装在墙、地面的阴角衔接处。安装前，需反复弯曲穿线管，以增加其柔软度。

⑧ 为了保证不会因为导管弯曲半径过小而导致拉线困难，导管弯曲半径应尽可能放大。穿线管弯曲时，半径不能小于管径的 6 倍。

▲墙角弯管安装

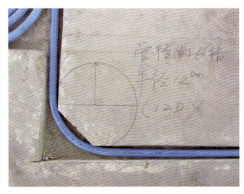
▲地面导管弯管

⑨ 导管与线盒、槽线、箱体连接时，管口必须光滑，线盒外侧应该套锁母，内侧应装护口。

⑩ 地面采用明管敷设时应加管夹，卡距不超过 1m。需注意在预埋地热管线的区域内严禁打眼固定。

⑪ 管夹固定需一管一个，安装需牢固，转弯处需增设管夹。

⑫ 管夹的组合有很多，有些属于组装管夹，有些属于简易管夹。

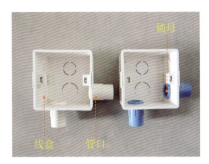
▲线盒结构

▲管夹固定

▲管夹组合

管线排布不需要特别规整

我们常能看到，在很多水电施工的图片中，管线的排布特别整齐、好看，但水电管线的费用是按照长度（m）计算的，每增加一根管子，管子的长度就会增加，如果单纯为了排布好看而多花钱是非常不值得的，因为管线最后都要埋起来，排布得再好看也没有用。

请注意

水电排布唯一需要注意的原则：水电线路不能在同一个槽里，两者交叉时，要遵循"电路在上，水管在下"的原则，同时，冷水管在右边，热水管在左边。

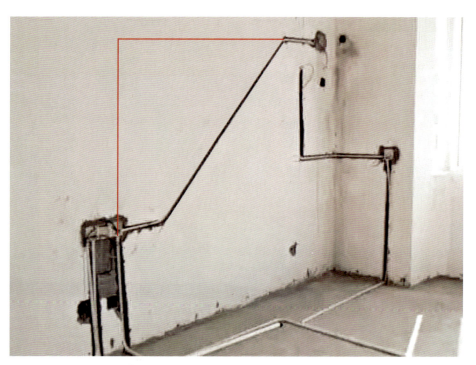

▲两点之间直线距离最短，这样走线可以省一些预算，但是要注意如果是在地面上这样走线，要考虑线被损坏的问题。若是铺地板，这样的走线不会被损坏，因为地板铺设前会先找平，这样管线就被保护在水泥之下。但如果是铺地砖，那么这样的走线方式可能会使管线受到损坏

穿线：
管内电线数量不可超过 3 根

电路穿线是施工过程中非常重要的一部分，为了看起来比较好看，现在很多人会选择将电线铺设在墙内，但是电线是不能直接铺设在墙内的，需要用一定的材料包裹住来防潮、防燃，也方便后期维修。穿线管的材料比较多，并且穿线的要求也很严格。

穿线施工重点解读

① 按照标准，照明用 1.5mm² 的电线，空调挂机插座用 2.5mm² 的电线，空调柜机用 4mm² 的电线，进户线用 10mm² 的电线。

② 电线颜色应选择正确，三线制必须用三种不同颜色的电线。一般红绿双色为火线色标，蓝色为零线色标，黄色或黄绿双色为接地线色标。

▲空调挂机插座　　　　　　　　▲红绿蓝三色电线

③ 同一回路电线需要穿入同一根线管中，但管内总电线数量不可超过 3 根，一般情况下 φ16 的电线管不宜超过 3 根电线，φ20 的电线管不宜超过 4 根电线。

④ 空调、浴霸、电热水器、冰箱的线路需从强电箱中单独引至安装位置。

⑤ 强电线与弱电线不应穿入同一根管线内。

⑥ 强电线管与弱电线管交叉时，强电线管在上，弱电线管在下，横平竖直，交叉部分需用锡箔纸包裹。

▲接头采用绝缘胶布包缠

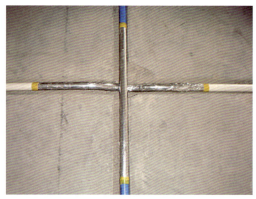
▲强弱电线管交叉

⑦ 所有导线安装必须穿入相应的 PVC 管中，且在管内的导线不能有接头，穿入管内的导线接头应设在接线盒中，导线预留长度不宜超过 15cm，接头搭接要牢固，用绝缘带包缠要均匀、紧密。所有导线分布到位并确认无误后即可进行通电测试。

⑧ 线管内事先穿入引线，之后将待装电线引入线管之中，利用引线可将穿入管中的导线拉出，若管中的导线数量为 2～5 根，应一次穿入。

▲穿线准备

▲火线、零线穿线

⑨ 电线总截面面积（包括外皮）不应超过管内截面面积的 40%。

⑩ 电源线插座与电视线插座的水平间距不应小于 50mm。

水电封槽:
小家封槽先地面再墙面

当房屋水电线路进行改造之后,接下来的一个步骤就是对水电线路进行封槽。常见的是用石膏和水泥封槽,水泥封槽的强度要更胜一筹,后期不容易出现开裂问题。在施工时最好做两次以上的封口。而对于石膏来说,它本身的黏结力很强,施工起来简单,后期不会轻易出现裂缝。

步骤一 搅拌水泥砂浆

搅拌水泥砂浆的位置需避开水管,选择空旷、干净的地方。搅拌水泥砂浆之前,需将地面清洁干净。水泥与细砂的比例应为 1 : 2。

▲ 均匀搅拌水泥和细砂

▲ 向凹坑内注水

步骤二 进行封槽

封槽应从地面开始，然后封墙面；先封竖向凹槽，再封横向凹槽。水泥砂浆应均匀地填满水管凹槽，不可有空鼓。待封槽水泥快风干时，检查表面是否平整。发现凹陷应及时补封水泥。

▲ 封槽施工

装修时为什么会出现空鼓

 封槽注意事项

① 水泥超过出厂日期3个月后则不能使用。不同品种、强度等级的水泥不能混用。砂要选用河砂、中粗砂。

② 水管线进行打压测试没有任何渗漏后，才能够进行封槽。水管封槽前应检查所有的管道，对有松动的地方进行加固。

水路验收：
严格操作，必做打压测试

水电验收之水路验收怎么做

水路施工属于隐蔽工程，所以在完工后一定要仔细地检查与验收，否则后期出现问题，则要重新砸墙整改，这就避免不了要多花费预算。

水路验收主要是进行打压测试，打压时压力不能小于 $6kg/cm^2$（$1kg/cm^2=0.098MPa$），时间不能少于 15min，然后检查压力表是否有泄压的情况。若有泄压，应首先检查阀门，若阀门没有问题，则表明管道有漏水的地方，要处理好后才能进行下一步施工。

给水管线和排水管线分开铺设检查

家庭水路管线分为给水管线和排水管线两种，用途不同，所使用的管线的材质、类型以及铺设方式也有一定的区别，只有懂得施工工序和标准才能够更严格地监工，那么，它们的铺设分别有什么要求呢？

水路管线铺设要求

项目名称	内容
给水管线	管线尽量与墙、梁、柱平行，呈直线走向，距离以最短为原则
	顶部排管施工较麻烦，需要安装管卡，并套上保温套，优点是检修方便，不容易出现爆裂，适合北方。但费用高，且长度变长，增加了阻力，不适合高层
	墙槽排管需横平竖直，若管线需要穿墙，单根水管的洞口直径不能小于 50mm，若两根水管同时穿墙，分别打孔，间距不能小于 150mm
	地槽排管安装快捷，线路短，花费较少，适合南方或管线过长的情况。施工时若遇到主、次管线交叉的情况，次管线必须安装过桥，且应位于主管线下方
	冷、热水管安装一般为左热右冷，间距为 150mm
	给水管线安装完毕后，需要用管卡对水管进行简易固定，进行打压测试

续表

项目名称	内容
排水管线	所有通水的房间都要留有地漏和安装下水管
	管道需要锯断时,应测量长度后再动手,以免长度不够造成浪费,同时注意将连接件的部分考虑进去
	管道的断口处应平滑,断面没有任何变形,插口部分可用锉刀锉15°~30°的坡口
	管道安装完成后,用堵头将管道预留弯头堵住,进行打压测试,压力为0.8MPa,以恒压1h没有变化为合格,确保管道没有漏水处

打压测试非常重要,不可忽略

◎打压测试是非常重要的一个验收环节,很多业主在管路安装完成后就会觉得已经完工,而落下了这个环节。水管在日后的使用中,不仅运输水,还承担着水带来的压力,如果没有经过打压测试,或草草完结,很容易在日后使用中发生渗漏或爆裂的情况,需要砸掉墙等重新维修,带来严重的后果。

◎打压测试在验房时和施工后应分别进行一次,验房时进行是为了确认原有管道有无泄漏,若有问题,则应与物业解决后再施工,以免责任不清。施工后测试,则是为了检测家装公司改装后的管道有无漏水处。

◎打压过程:先用软管连接冷、热水管,保证冷、热水管能够同时打压;安装好打压器,将管内的空气放掉,让水充满整个水管回路中,关闭水表及外部闸阀开始进行打压,测试压力要大于平时水管运输水时压力的1.5倍,但不能小于0.6MPa。观测10min,压力表上压力下降不能大于0.02MPa,然后降低到平时管压进行检查,1h内压力下降不应超过0.05MPa,而后在平时管压的1.15倍下观察2h,压力下降不应超过0.03MPa,符合标准即为合格。

◎进行测试的过程中,有几点需要注意:① 仔细地检查每一个接头有无渗水情况,渗水会导致压力值下降加速,如果存在渗水,一定要马上要求工人进行修补;② 一定要严格监督打压的时间,不能草草了事,根据国家规定的标准时间来执行检测,避免被施工队糊弄;③ 在规定的测试时间内,若压力表的指针没有明显的变化或者下降的幅度小于0.1MPa,才能说明管路是没有问题的。

排水口移动的检查要点

房屋内现有的坐便器及洗衣机的排水口不理想,想要移动,这是下水改造中比较常见的情况,那么可以移动吗?答案是可以,但是必须严格地按照要求施工,在施工前建议征求物业部门和楼下业主的意见,同意移动后方可施工。施工时需要注意以下几点。

① 移动排水口就是增加新的排水管,需要将其连接到原来的旧管道上,因此建议先检查一下原有管道是否通畅,若有堵塞,先疏通再连接,避免以后使用中出现麻烦。

② 移动排水口需要架设新管道,应将其连接到原有主下水管道上,不可随意地在主下水管道上凿洞、开孔。

③ 新加的排水管需要水平落差到毛坯房原有的主排水管道上。

④ 坐便器的排水口应安排在坐便器能够遮挡住的位置上,根据坐便器的型号确定排水口位置,条件许可时,应设置存水弯,避免异味。

⑤ 当阳台作为洗衣用途并移动排水口时,应做二次防水处理,避免水渗漏到楼下。

▲所有的改造管道都应接到毛坯房原有的主下水管道上,铺设的管道架空时用管卡固定

水路工程验收难题解疑

可以随意找施工队施工吗？需不需要有施工图纸？

1. 找专业改造公司

水路改造如果不规范，隐患仅次于电路改造，如果不严格地监工，一旦出现问题，所有装饰成果很容易毁于"水灾"。

专业改造公司的师傅通常都具备从业资格证。如果是自己找施工队改造，不要贪图便宜，要找专业的具有水、电改造资格的工人，这样会避免很多麻烦。

2. 严格按施工图布置管线

水路改造前应先弹线，再开槽，严格按照施工图布置管线，槽要求呈现平行线与垂直线，其最低的槽与地面距离为600～900mm，垂直水龙头管路，深度在40mm以内。

3. 主管线不能动

在进行水路管线敷设时，不能改动主管线和排水管、地漏及坐便器等排污水位置。

尽量避免随意改动，如果对方提出的改动比自己计划的多，就要提高警惕，这样不仅会提高报价，一旦密封不好，也会增加水管爆裂的概率。

监工秘籍

监督，避免下水道变垃圾道

◎ 在施工过程中，会有个别工人将水泥、砂子等建筑垃圾倒入下水道中。这种做法很容易堵塞下水道，造成下水不畅而溢水，且十分不容易清理。虽然事情不大不小，但带来的后果却十分麻烦。

◎ 为了避免这一现象，业主可以在装修前，将所有的下水道都封闭起来，做好保护工作。

监工过程中重点"盯"哪些步骤？规范操作要求有哪些？

1. 管槽尺寸要求

开槽时应用开槽机切割，不能直接使用电锤，槽内应平整，深度应为40mm，宽度比管线直径宽20mm，埋管后应保证槽内管面与槽外地面有15mm高度差，特别注意开槽时不能切断钢筋。

房屋顶面预制板开槽深度不能超过15mm，地面若铺设地热，开槽时应避开地热管线。若槽内有裸露钢筋，则需要做防锈处理。

2. 布线时遵循最短原则

布线时应遵循最短原则，减少弯路，禁止斜道。为了避免破坏墙体的抗震力，开槽时尽量避开承重墙，墙壁横向开槽长度不建议超过500mm，可绕道。若水路和电路相遇，水路须在电路之下，防止漏水后污染电线，导致漏电。

3. 走顶不走地

水路布线有其自己的原则——"走顶不走地，走竖不走横"，这样避免了横向开槽，纵向开槽不会破坏墙体的抗震性能。

顶部布线的纵向管道都是整根管，接头都留在吊顶内，降低了漏水后砸墙维修的风险。如果水路管线多在地面，位于地砖或地板下，会经常被踩踏，增加爆裂的概率，一旦出现问题还要刨地，增加施工步骤和费用。

4. 安排好进场顺序

建议在水、电线路施工全部完成后再安排木工进场。水、电线路改造不仅花费较多，且隐蔽性很大，如果同时施工，种类太多，会加大监工的难度，容易造成遗漏。

5. 封槽前拍照留底

验收合格后方可封槽。封槽前，建议拍照留底，避免后期工程误伤暗埋管线。套管应被水泥砂浆完全覆盖，否则日后会有空鼓现象。

 监工秘籍

冷、热管线应保持距离

◎ 需要同时走冷、热管线时，应注意，两条管线需要走两个槽，两者之间至少保持150mm的距离。
◎ 如果两条管线放在一个槽内或相邻距离太近，热水循环到菜盆、洗脸盆、淋浴器时容易出现水不热的现象。

厨房内的管路很集中,有点混乱,怎么安排更显得整洁?

1. 尽量走墙不走地

厨房的地面要做防水处理,一旦地面管线出现问题,则需要刨地并重新做防水,很麻烦,因此管线尽量走顶、走墙。

2. 管道口尽量隐藏

厨房内有橱柜,在进行水路布局前,建议尽量对橱柜的结构有个概念,将排水口、水表等设计在洗碗池的下方,隐藏起来,看起来比较整洁。

▲厨房管道口及水表应尽量隐藏起来

厨房各水口的位置确定

项目名称	内容
冷、热进水口水平位置的确定	应考虑冷、热进水口的连接和维修问题,尽量安排在洗碗柜下方,但要注意橱柜侧板和排水管的位置是否对其有影响
冷、热进水口及水表高度的确定	通常安装在距离地面 20~40cm 的位置,同时要考虑水表的维修及对洗菜盆和排水管是否有影响
排水口位置的确定	厨房内的排水主要是洗菜盆,因此排水口通常安装在洗菜盆的下方,但同时要考虑排水是否畅通、维修空间是否足够
洗碗机进水口和排水口的确定	洗碗机进水口通常安排在洗物柜中,距离地面 20~40cm 的位置。排水口一般安排在洗碗机机体左右两侧的地柜中,不宜安装在机体的背面

洁具通常都在最后安装,万一预留的水口不合适怎么办?

1. 对洁具型号做到心中有数

卫生间内的水路与厨房一样,建议尽量走顶、走墙。

与厨房不同,卫生间内的洁具较多,出水口也就多,因为洁具是最后安装的,因此很多人都是最后再买,可能会出现出水口或排水口与洁具高度不等的情况,因此建议在水路改造前,先选好款式和型号,记录一下高度,避免后期安装不上的麻烦。

2. 需做防水的部位

① 如果使用浴缸,墙面防水需要做到 250cm 以上。

② 若墙面不全面做防水,则有出水口的地方需要做防水,如洗脸盆出水口。

③ 如果不使用淋浴房,则墙面需要全部做防水。

④ 地面必须做防水,如果地面做了水路改造,则需要做二次防水。

常见洁具配件安装高度

洁具配件名称	高度/mm	洁具配件名称	高度/mm
洗脸盆水龙头(上配水)	1000	坐便器低水箱角阀	150
洗脸盆水龙头(下配水)	800	坐便器高水箱角阀和截止阀	2040
洗脸盆水龙头角阀(下配水)	450	浴缸水龙头(暗装式)	750~800
淋浴器花洒	2000~2200	立式小便器角阀	1130
淋浴分水器	1100	挂式小便器角阀及截止阀	1050
浴盆水龙头(上配水)	670	妇洗器混合阀	360
淋浴器截止阀	1150	洗衣机水龙头	1200
淋浴器混合阀	1150	热水器进水	1700
蹲便器低水箱角阀	250	蹲便器高水箱角阀和截止阀	2040

电路验收：
检查是否遵循安全布线规则

水电验收之电路验收怎么做

电路施工和水路施工一样，属于隐蔽工程。一旦检查不到位，除了重新施工要花费较多的时间与预算外，还会有安全隐患，所以在电路施工完成后，一定要进行验收。

检查电路改造时还要检查插座的封闭情况，如果原来的插座进行了移位，则移位处要进行防潮和防水处理，应用3层以上的防水胶布进行封闭。同时还要检查吊顶中的电路接头是否也用防水胶布进行了处理。

电路布管的监测重点

开槽后下一工序就是在槽内进行线管敷设，这一步骤也有其严格的要求，可以总结为下表所示的几点，施工时可以重点监督工人。

电路布管要求

条目序号	内容
①	暗埋导线的外壁距离墙表面不能小于3mm
②	PVC绝缘线管弯曲时必须使用弯管弹簧，管体弯曲后将弹簧拉出，弯管半径不宜过小，当弯曲部分位于管线中部时，将弹簧两边拉上铁丝更容易操作
③	导管与线盒、箱体连接时，管口必须光滑，线盒外侧套锁母，内侧装护口
④	敷设导管时，遇到以下情况应加设线盒：直管段超过30m、含有1个弯头的管段超过20m、含有2个弯头的管段超过15m、含有3个弯头的管段超过8m
⑤	若采用金属导管，应设置接地
⑥	管线弯曲时半径不能小于管径的6倍，过小会导致拉线困难
⑦	当水平方向敷设的管线出现管径不一致的情况时，一般要求管径小的靠左，大的靠右，依次排列

监工秘籍

埋管和穿线的顺序

◎ 在家装电路改造中，关于埋管和穿线，不是一定要按照顺序进行的。

◎ 可以根据施工人员的惯用操作方式，无论是先埋管后穿线还是先穿线再埋管，只要操作符合规范要求，都是可以的。

开关、插座底盒的连接检查

暗埋的部分除了电路的线管外，另外一项就是底盒的埋设，底盒的安装是否规范会影响到后期面板的安装和日后的使用，应引起重视，可以从下表所示的几个方面进行监督。

开关、插座底盒的连接要求

条目序号	内容
①	同一个空间内的底盒，安装尺寸应相同，这个尺寸既包含水平尺寸，也包含入墙的深度
②	安装完毕的底盒内应清理干净，不能有水泥块等杂物
③	一个底盒中不宜连接太多电线，否则会影响使用，也不安全
④	强电线和弱电线不能位于同一个底盒中
⑤	底盒内的电线应按照相线将颜色分开
⑥	明盒、暗盒不能混装
⑦	电线管应插入底盒内，两者用锁扣连接

▲ 电线应按照相线分开颜色

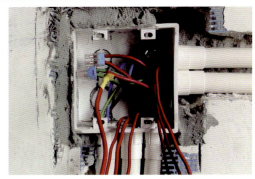

▲ 电线管与底盒之间应用锁扣连接

配电箱设置完后的检查

大部分业主都不是内行,在施工时都是工人说了算,特别是配电箱这一部分。怎么配置空开可以符合自己需求,既不会频繁跳闸又能够保证安全呢?可以参考下表内容。

配电箱设置要求

条目序号	内容
①	空开应分几路进行控制,如果面积小可以按照房间分,面积大可继续细分,将每个房间的照明和插座分开控制,家庭配电箱建议大家购买 20P❶ 以上的空开
②	配电箱的总空开若不带漏电保护功能,就要选择能够同时分断相线和中性线的 2P 开关,如果夏天要使用空调等制冷设备,功率宜大一些
③	卫生间、厨房等潮湿的空间,一定要安装漏电保护器
④	控制开关的工作电流应与所控制回路的最大工作电流相匹配,一般情况下,照明为 10A,插座为 16~20A,1.5P 的壁挂空调为 20A,3~5P 的柜机空调为 25~32A,10P 中央空调独立 2P 的 40A,卫生间、厨房为 25A,进户 2P 的为 40~63A

监工秘籍

空开的连接要求

◎除有特殊要求外,空开应垂直安装,倾斜角度不能超过 ±5°。

◎1P(总空开 110V)空开安装:相线进入空开,只对相线进行接通及切断,中性线不进入空开,一直处于接通状态。

◎DNP 空开安装:双进双出断路器,相线和中性线同时接通或切断,安全性更高。

◎2P(总空开 220V)空开安装:双进双出断路器,相线和中性线同时接通或切断。

◎空开接线:应按照配电箱说明严格进行,不允许倒进线,否则会影响保护功能,导致短路。

◎家用强电箱中的导线,截面面积需按照电器元件的额定电流来选择。

---

❶ P 代表极数,指的是切断线路的导线数量(根),1P 表示切断一根电线,只有一个接头接一根火线。P 数增加表示切断线路的导线数量(根)增加。

电路改造完工后的验收重点

有的业主监工可能没有那么细致,或者时间上不允许细致监工,则需要在电路改造完成后,进行详细的验收。这个时间最好定在封槽之前,验收不合格还能够进行返工,若检查没有问题,封槽后可再检查一下封槽情况。

电路改造完工后的验收重点

条目序号	内容
①	检查电线的颜色,电线应按照相线分色,不能只使用一种颜色,否则日后出现问题进行检修时,容易将电线的作用混淆
②	"火线进开关,零线进灯头,左零右火,接在地上",在接线时一定要严格遵守这个规定,重点检查零线和火线是否由于施工人员的疏忽而接错位置
③	用电笔测试每个房间中的插座是否通电,若有不通电的情况应及时检修
④	开启所有电器,进行24h的满负荷实验,检测电路是否会出现问题、空开是否会经常跳闸
⑤	检查线路的走向是否符合自己的具体要求,所有的插座、开关位置是否正确
⑥	拉下电表总闸,看室内是否会断电,检查其是否能控制室内的灯具及室内各插座(商品房的总闸位于楼道内,别墅类独栋的总闸在室内)
⑦	强弱电线管在地槽中交叉相过时,应对其中一方线管用锡箔纸进行包裹,避免弱电信号受到干扰
⑧	厨卫空间里位于吊顶上的电线,要预留15cm在线管外,用于连接电灯、浴霸等设备,同时凡是露在线管外的电线都应用软管进行保护
⑨	电箱内的每个回路都应粘贴上对应的回路名称,例如卧室、厨房,若有进一步的细分也应标注

电路工程验收难题解疑

电路装修开槽有什么要求吗？需要注意什么？

开槽要求很严格

电路施工在定位画线后，与水路操作相同，下面的工序都是开槽。槽线不能随意乱开，一定要严格地按照所画的线进行，且宽度及深度都有严格要求，边线要求要整齐，底部不能有明显的凸出物。

需要注意的是电路与暖气、热水、煤气管路之间的平行距离应大于30cm，且不宜交叉走线。

电路开槽宽度

项目	宽度/cm
轻体墙横向槽	> 50
内保温墙横向槽	> 100
强电线与弱电线间距	< 30
插座距地面高度	40
挂式空调距地面高度	220
开关距地面高度	120~140
槽深度	PVC 管直径 +10

监工秘籍

规范开槽的好处

◎ 电路布线的线路清晰、规整，方便后期的施工和完工后的维护、检修。

◎ 规范的槽线方便后期安装电器和挂件，可以避免电线受损伤。

◎ 如果居于北方且使用地暖，规整的地面槽线有利于地暖的大面积铺装，混乱的槽线只能将保温板裁切成小块，不利于后期的保温。

◎ 若后期铺装实木地板，则有利于龙骨的铺设，便于找平。

家里水电开槽，开墙槽和开地槽有什么需要注意的?

1. 墙槽尽量避免横开

墙面尽量竖向开槽，规范要求不能开横向槽，若不能避免，应尽量减少横向槽的长度和数量。

如果横向槽长度过长，墙面会因为重力而下沉，导致出现裂缝，使室内出现安全隐患。若墙体为保温材料，则会破坏保温层。

2. 地槽避免交叉

地面开槽是必要的，也是最常见的一种电路铺设形式，开地槽的好处是可以降低地砖的空鼓率，铺砖时不易损坏电线。

需要注意的是，地面开槽应尽量避免槽线交叉，如果不能避免，则要处理好交叉处的线管排列顺序。

▲墙槽尽量竖向走，更安全、更规范

▲地槽尽量避免线路交叉

 监工秘籍

槽线一定要拍照

◎槽线全部开好后，一定要拍照并索要线路图，这样做可以更真实地记录线路的走向，方便维修和后期装修。

◎如果工人在施工时没有按照规范操作，很可能会阻止业主拍照的行为，这个时候要坚决维护自己的权益。

◎要保留详细的线路图，而不是工人简单手绘的图纸，避免时间长了以后识别不清，为维修带来麻烦。

电线是不是必须要穿管才能埋设？不能直接用护套线吗？

1. 必须穿管再埋设

进行电路改造时，开槽后必须先埋管再穿电线，不能直接使用护套线埋设在墙、地的槽线内。

将电线穿管有利于日后的维修和更换电线，若直接埋设电线，会影响散热并引起线皮碱化，造成漏电，甚至引起火灾，而且维修的时候需要重新刨墙跑线，很麻烦。

2. 穿管用 PVC 线管

电线套管应用阻燃的 PVC 线管，如果经济条件允许，购买专用的镀锌管更好。

如果是装修公司购买材料，则要检验一下 PVC 线管的质量，品质不佳的不能保证安全性。好的 PVC 线管即使用力捏也不会破，弹性和韧性都很好，外壁应光滑、管壁厚度一致，火烧 30s 内自动熄灭。

 监工秘籍

电线质量要过关

电线是埋在墙内的，若后期出现问题，维修会很麻烦，因此一定要购买质量合格的产品。可以通过以下方法来鉴别。

① 外观。注意电线是否有"CCC"认证，是否有厂家的名称、商标、规格型号以及是否有合格证。注意生产日期，最好用 3 年内的产品。

② 观察绝缘层。品质佳的电线绝缘层柔软，具有绝佳的弹性和伸缩性，表层紧密、光滑、无粗糙感，光泽度佳。

③ 观察线芯。线芯关系到电线的传导性和耐久性，选用纯度高的原料做成的线芯，表面光亮、平滑、柔软但有韧性，来回弯折测试，也不容易断裂。

为了方便,一根线管中尽量多放电线可以吗?

1. 电线数量有要求

一根线管中的电线数量并不是随意地放几根都可以,而是要尽量减少,最多不超过 3 根为宜,过多则不利于检修。

管内的电线横截面面积不超过管直径的 40% 为最佳,且管内的线不能有接头,必须是一整根线穿过管体。

2. 不同线要分管

不仅强电线和弱电线要分开距离,不同的弱电信号线也要分管敷设,不能放在一根管中,否则容易互相影响,使信号减弱。

3. 固定线管

墙面电线穿管完毕后,需要用水泥或快干粉进行点式固定,同一个槽中选择几个点进行封闭固定。同样,暗盒部分安装完毕后也要固定,防止松动。

地面部分的线管用管卡进行固定,后期再统一封槽。

4. 线头需留长

当电线穿管完成后,截断电线时,需要注意监督,外部头的长度不能低于 15cm,相线进开关,零线进灯头。

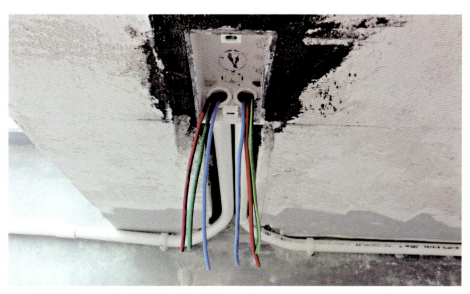

▲一根线管中最多只能穿 3 根电线,导线头预留不能低于 15cm

家里的空开总是跳闸，可能是什么原因引起的？

1. 空开安装不良

　　施工人员在安装空开时操作不规范，桩头的引线不牢固，时间长了容易松动而引起发热现象，烧坏外层绝缘线，造成线路欠压。

2. 线路改造不规范

　　线路改造操作不规范容易引起漏电、短路。

3. 空开质量不合格

　　如果由装修公司购买空开，应注意检查空开的质量，如果购买的空开质量不合格，也会频繁地跳闸。

4. 空开功率与用电不匹配

　　家里有功率特别大的电器，安装空开时一定注意功率要匹配，否则在启动时容易跳闸。

空开规格的选择

电线粗细 /mm²	通过电流上限 /A	搭配空开规格 /A
1.5	14.5	10
2.5	19.5	16
4	26	25
6	34	32

第三章
泥瓦工现场施工

泥瓦工施工属于中期工程，在水电施工结束后进场施工，施工内容主要包括墙、地砖的铺贴，墙体的砌筑以及地面的找平等，其中墙、地砖的铺贴是技术含量要求较高的施工环节。泥瓦工进场后，首先砌筑墙体，然后进行厨卫墙砖的铺贴、客餐厅地砖的铺贴。若卧室内铺贴木地板，则需要地面找平施工。在泥瓦工施工结束后，需要对地面进行保护，防止后期施工中划伤瓷砖。

小家装修早知道：
施工验收视频篇

砌砖墙：
砖体提前浇水湿润

3min 看懂水泥砌墙全流程

　　墙体砌筑主要分两种不同的形式：一种是砖体墙砌筑；另一种是轻质隔板墙砌筑。两种砌筑材料和施工工艺不尽相同，相比较而言，砖体墙砌筑更常规、数量更多，而轻质隔墙对新型材料的运用恰到好处，提升了墙体砌筑施工中的效率。

步骤一　砖体浇水湿润

① 砖体浇水湿润应在砌筑施工前一天进行，一般以水浸入砖四边 1.5cm 为宜，不可在同一位置反复浇水，浇水量不可过大，砖含水率 10%~15% 为宜。

② 在雨季，砖体浇水以湿润为主，在干燥季节，应增加砖体的浸水度。

③ 在新砌墙和原结构接触处，需浇水湿润，确保砖体的黏结牢固度。

第三章 泥瓦工现场施工

▲轻体砖浇水湿润

▲原结构处浇水湿润

步骤二 放线

① 放线之前先清理地面，去除明显的颗粒，并将凹凸不平处凿平。

② 确定新砌墙体的位置有无门口、窗口，在门口或窗口的宽度、高度上放线标记。

③ 在砌墙的两边放垂直竖线做标记，以计算砖墙的铺贴方式。

④ 在墙体的阴角、阳角处放线，构造出墙体的轮廓。

⑤ 在离地 500mm 左右的位置放横线，随着砖墙向上砌筑而不断上移，并与砖墙始终保持 200mm 左右的距离。

⑥ 在必要的位置放十字线，以起到校准墙体的作用。

▲红砖墙上侧放线

▲垂直线标准放线

步骤三 制备砂浆

用于砖体内部粘贴的水泥砂浆，水泥和砂应保持 1∶3（体积比）的比例；用于粘贴在砖体表面的水泥砂浆，既可采用全水泥，也可采用水泥∶砂=1∶2（体积比）的比例。

061

▲将水泥、砂按照1∶3的比例搅匀

▲倒入水,使其均匀渗透

▲搅拌水泥砂浆至均匀

步骤四 砌筑墙体

① 砌砖宜采用一铲灰、一块砖、一挤揉的"三一"砌砖法,即满铺满挤操作法。砌砖一定要跟线,按"上跟线,下跟棱,左右相邻要对平"的方法砌筑。

② 水平灰缝厚度和竖向灰缝宽度一般为10mm,但不应小于8mm,也不应大于12mm。

③ 砌筑砂浆应随搅拌随使用,水泥砂浆必须在3h内用完,水泥混合砂浆必须在4h内用完,不得使用过夜的砂浆。

④ 在新旧墙体的衔接处以及两面墙体连接的内部,必须每隔60cm置入一根长度不小于40cm的ϕ6mm粗L形钢筋,并采用胶水进行二次固定,而在墙体连接点的外部,需要铺设一张宽度不小于15cm的钢丝网,用以增强两者连接的紧密性。

▲单坯墙砌筑细节

▲增挂钢丝网

▲红砖墙预埋线路

步骤五 墙面抹水泥层

从上往下打底,底层砂浆抹完后,将架子升上去,再从上往下抹面层砂浆。应注意在抹面层砂浆以前,应先检查底层砂浆有无空裂现象,如有空裂,应剔凿返修后再抹面层砂浆;另外应注意底层砂浆上的尘土、污垢等应先清理干净,浇水湿润后方可抹面层砂浆。

第三章 泥瓦工现场施工

水泥砂浆找平：

洒水养护 7 天不能少

装修地面找平，你家适合用哪种方法

地面找平也是一项重要的装修环节，它牵制的后期情况很多，如果地面不平整会影响后期的地板铺设，同时还会影响家具摆放，从而带来不必要的麻烦。

步骤一 清理基层

① 先把基层上的灰尘扫掉,然后用钢丝刷刷干净,刷掉灰浆皮和灰渣层,然后用10%的火碱水溶液刷掉沉积的一些油污,并用清水及时把碱液冲洗干净。

② 用喷壶在地面基层上均匀地洒一遍水。

▲清理之后的地面

步骤二 墙面标记,确定抹灰厚度

① 根据墙上1m处的水平线,往下量出面层的标高,并弹在墙面上。

② 根据房间四周墙上弹出的面层标高水平线,确定面层抹灰的厚度,然后再拉水平线。

▲墙上1m处弹水平线

步骤三 搅拌水泥砂浆

为保证水泥砂浆搅拌的均匀性，应采用搅拌机搅拌。搅拌时间应选择在找平之前，搅拌好之后应及时使用，防止水泥砂浆干涸。

▲搅拌机搅拌水泥砂浆

步骤四 铺设水泥砂浆并找平

① 在铺设水泥砂浆前，要涂刷一层水泥浆，涂刷面积不要太大，随刷随铺面层的砂浆。涂刷水泥浆后要紧跟着铺水泥砂浆，在灰饼之间把砂浆铺均匀即可。

② 用木刮杠刮平之后，要立即用木抹子搓平，并随时用 2m 靠尺检查平整度。用木抹子刮平之后，需立即用铁抹子压第一遍，直到出浆为止。

▲靠尺检查平整度

步骤五 洒水养护一周

地面压光完工后的 24h，要进行洒水养护，保持湿润（也可铺锯末或是其他材料后再洒水养护），养护时间不少于 7 天。

▲洒水养护

自流平找平:
地面一定要打磨平整

采用自流平工艺,地面厚度较薄,施工便捷,但是对基层的平整度要求较高。若基层的坡度较大、坑洼处较多,则不适合采用自流平工艺找平。

步骤一 对地面进行预处理

一般毛坯地面上会有凸出的地方,需要将其打磨掉,一般需要用到打磨机,采用旋转平磨的方式将凸块磨平。

步骤二 涂刷界面剂

地面打磨处理后,需要在打磨平整的地面上涂刷两次界面剂。界面剂能够让自流平水泥和地面衔接得更紧密。

第三章 泥瓦工现场施工

▲打磨机清理地面

▲涂刷界面剂

步骤三 倒自流平水泥

① 通常水泥和水的比例是 1∶2，确保水泥能够流动但又不会太稀，否则干燥后强度不够，容易起灰。

② 倒好自流平水泥后，需要施工人员用工具推开水泥，将水泥推开、找平。推开的过程中会有一定凹凸，这时就需要靠滚筒将水泥压匀。如果缺少这一步，则很容易导致地面出现局部的不平整，以及后期局部的小块翘空等问题。

▲倒自流平水泥

▲均匀推开

▲边推开边找平

支招！ 地面平整度检查方法

地面验收时要看地面平不平，可以用一根 2m 的靠尺对屋子进行地毯式测量（同一位置需交叉方向测量），如果靠尺下方出现大于 3mm 的空隙，则说明地面不平；反之表示地面基本齐平。

墙面砖铺贴:
非整砖应排在角落

　　墙面砖铺贴是泥瓦工施工过程中的重点技术环节,主要分为瓷砖铺贴和马赛克铺贴两方面。其中,瓷砖铺贴工艺涵盖了瓷砖、石材等大面积墙面砖的铺贴,而马赛克铺贴则特指马赛克的特殊施工工艺和技术要求。

步骤一 预排

① 墙面砖铺贴前应预排，要注意同一墙面的横竖排列，不得有一行以上的非整砖。非整砖应排在次要部位或阴角处，排砖时可用调整砖缝宽度的方法解决。

② 如无设计规定时，接缝宽度可在 1~1.5mm 之间调整。在管线、灯具、卫生设备支撑等部位，应用整砖套割吻合，不得用非整砖拼凑铺贴，以保证效果美观。

步骤二 拉标准线

① 根据室内标准水平线找出地面标高，按贴砖的面积计算纵横的皮数，用水平尺找平，并弹出墙面砖的水平和垂直控制线。

② 如用阴阳三角镶边时，则应先将镶边位置预分配好。横向不足整砖的部分，留在最下一皮与地面连接处。

▲墙面预排砖

▲拉横纵交叉十字线

步骤三 做灰饼、标记

① 为了控制整个墙面砖表面的平整度，正式铺贴前，可在墙上粘废墙面砖作为标志块，上下用托线板挂直，作为粘贴厚度的依据，横向每隔1.5m 左右做一个标志块，用拉线或靠尺校正平整度。

② 在门洞口或阳角处，如有镶边施工时，则应将尺寸留出，先铺贴一侧墙面，并用托线板校正靠直。如无镶边，则应双面挂直。

步骤四 泡砖和湿润墙面

① 墙面砖铺贴前应放入清水中浸泡 2h 以上，然后取出晾干，用手按砖背无水迹时方可粘贴。冬季宜在掺入 2% 盐的温水中浸泡。

② 砖墙面要提前 1 天湿润好，混凝土墙面可以提前 3~4 天湿润，以免吸走黏结砂浆中的水分。

步骤五 铺贴墙面砖

① 在墙面砖背面抹满灰浆，四周刮成斜面，厚度应在 5mm 左右，注意边角要满浆。当墙面砖贴在墙面上时应用力按压，并用灰铲木柄轻击砖面，使墙面砖紧密粘于墙面。

② 铺完整行的砖后，再用长靠尺横向校正一次。对高于标志块的应轻轻敲击，使其平齐；若低于标志块，应取下砖，重新抹满刀灰铺贴，不得在砖口处塞灰，否则会产生空鼓。

③ 墙面砖的规格尺寸或几何形状不同时，应在铺贴时随时调整，使缝隙宽窄一致。当贴到最上一行时，要求上口成一条直线。若最上层墙面砖外露时，则需要安装压条；反之则不需要。

④ 在有洗脸盆、镜子等的墙面上，应以洗脸盆下水管部位为准，往两边排砖。

▲砖背均匀涂抹灰浆

▲将墙面砖粘贴到墙面

▲预留砖缝

▲敲打找平

地面砖铺贴：
小家铺砖前地面要清理干净

地面砖铺贴施工内容分为地面瓷砖铺贴和拼花施工两部分。地面瓷砖铺贴要求铺贴平整度高，缝隙均匀，不可有翘边、空鼓等现象；拼花施工工艺较为复杂，对施工技术水平要求较高。其施工难点体现在，切割瓷砖、石材等工作量大，并且根据不同的造型，需要进行多种弧度的切割。

步骤一 基层处理

将地面中的杂质以及各种装修废料清理出现场。

步骤二 做灰饼、冲筋

① 根据墙面的 50mm 线弹出地面建筑标高线和踢脚线上口线，然后在房间四周做灰饼。灰饼表面应比地面建筑标高低一块砖的厚度。

② 厨房及卫生间内的地面砖应比楼层地面建筑标高低 20mm，并从地漏和排水孔方向做放射状标筋，坡度应符合设计要求。

步骤三 铺结合层砂浆

应提前浇水湿润基层，刷一遍水泥素浆，随刷随铺 1：3 的干硬性水泥砂浆，根据标筋标高将砂浆用刮尺拍实刮平，再用长刮尺刮一遍，然后用木抹子搓平。

▲铺结合层砂浆

步骤四 泡砖

将选好的地面砖清洗干净，放入清水中浸泡 2~3h 后，取出晾干备用。

步骤五 铺砖

① 按步骤二中弹出的线先铺纵横定位带，定位带间隔 15~20 块砖，然后铺定位带内的地面砖。

② 从门口开始，向两边铺贴；也可按纵向控制线从里向外倒着铺。

③ 踢脚线应在地面做完后铺贴；楼梯和台阶踏步应先铺贴踢板，后铺贴踏板，踏板上先铺贴防滑条；镶边部分应先铺镶。

④ 铺砖时，应抹水泥素浆，并按地面砖的控制线铺贴。

步骤六 压平、拔缝

① 每铺完一个房间或区域,用喷壶洒水后大约 15min 用木槌垫硬木拍板按铺砖顺序拍打一遍,不得漏拍,在压实的同时用水平尺找平。

② 压实后,拉通线,按先竖缝后横缝的顺序进行拔缝调直,使缝口平直、贯通。调缝后,再用木槌垫硬木拍板拍平。如地面砖有破损,应及时更换。

步骤七 嵌缝

陶瓷地砖铺完 2 天后,将缝口清理干净,并刷水湿润,用水泥浆嵌缝。如是彩色地面砖,则用白水泥或调色水泥浆嵌缝,嵌缝应做到密实、平整、光滑,在水泥砂浆凝结前,应彻底清理砖面灰浆,并将地面擦拭干净。

▲用抹布清理缝口

▲水泥浆嵌缝

支招！地面砖勾缝技巧

在对地面砖进行勾缝时,由于工人操作不熟练可能会导致勾缝不均匀,或者污染地面砖的问题,尤其是对于釉面砖和抛光砖这类容易渗色的地面砖,一旦被污染,哪怕只是很小的一点也会给整体效果留下瑕疵。因此,在对地面砖进行勾缝时,最好在砖的边缘粘贴纸带,将其保护起来,这样地面砖就不会受到填缝剂的污染。

窗台板安装：

窗台板安装在窗框安装之后

　　窗台板安装分两种形式：一种是飘窗石材安装；另一种是普通的窗台板安装。从难易程度上区分，飘窗石材安装难度更高，对基层处理、平整度以及石材的切割尺寸有着严格的要求。普通的窗台板安装则更注重黏结质量，即窗台板与窗台的结合牢固程度。

步骤一 定位与画线

根据设计要求的窗下框标高及位置,画窗台板的标高线和位置线。

▲测量窗台板尺寸

▲标记窗台板位置线

步骤二 切割窗台板

按照标记线的位置切割窗台板,先切割窗台板的长度,再切割窗台板的宽度,最后切割窗台板的侧边。切割时,应控制好速度,不可过快,防止窗台板出现裂痕。

▲切割窗台板

▲细节修理

步骤三 预埋窗台基层

基层预埋材料包括校准水平的木方和砂子。先在窗台上均匀摆放木方，间距保持在 400mm 以内；摆放好木方之后，在表面填充砂子。砂子不可过干，否则会缺乏黏附力。

▲摆放木方

▲填充砂子

步骤四 大理石窗台板安装

按设计要求找好位置，然后进行预装，标高、位置、出墙尺寸应符合要求，确认接缝平顺严密、固定件无误后，按其设计的固定方式正式固定安装。

▲安装大理石窗台板

▲用水平尺测水平

▲安装完成

支招！ 窗台板安装注意事项

① 安装窗台板下方的墙体，在结构施工时应根据选用窗台板的品种，预埋木砖或铁件。

② 窗台板长超过 1500mm 时，除靠窗口两端下的木砖或铁件外，中间应每 500mm 间距增 3 块木砖或铁件；跨空窗台板应按设计要求的构造设固定支架。

③ 安装大理石窗台板应在窗框安装后进行。若窗台板为连体的，应在墙、地面装修层完成后进行。

石材饰面安装：
"重量级"石材要用轻钢架

石材造型墙有两种不同的施工工艺，分别为干挂施工和湿贴施工。对于小户型而言，湿贴工艺适合面积小的造型墙，其施工便捷、快速，不会占用过多的空间和面积。

步骤一 墙面基层处理

安装背景墙时首先要对基层墙面进行处理。基层墙面必须清理干净,不得有浮土、浮灰,应将其找平并涂好防潮层。

步骤二 龙骨安装固定

对于厚重的大理石板,使用钢材龙骨能降低石板对墙面的影响,并提高整体的抗震性。根据计划图样,在墙上钻孔埋入固定件,将龙骨焊接在墙体固定件上,支撑架再焊接在龙骨上,要求龙骨安装牢固,与墙面平行。

▲轻钢龙骨安装固定

步骤三 石材饰面板安装

石材饰面板安装中要拉好整体水平线和垂直控制线。石板必须安装在支撑架上,先固定大理石下部凿孔,插入支撑架挂件,微调锁紧后再固定石材上部及侧边,最后填充锚固剂,加固板件。

▲石材饰面板安装

步骤四 石材饰面板嵌缝

石板饰面板安装好后,板与板之间的缝隙需采用粘接的方式进行处理。首先清理干净夹缝内的灰尘和杂物,然后在缝隙中填充泡沫条,在板边缘粘贴胶带纸以防黏胶污染大理石表面,打胶后要求胶缝光滑顺直。

▲石材饰面板嵌缝

石材饰面板安装注意事项

① 干挂：这种方法是先将螺栓在墙面上固定好，然后在一块石材上开槽，用 T 形架将石材固定，再将 T 形架和螺栓固定在一起，这样大理石墙面与墙体本身有一定距离，但固定性好。所以如果卫生间的空间足够，首推这种方法来贴墙。

② 湿贴：要先在墙面上铺一层钢筋网，再采用混凝土湿贴。这种方法黏合效果也比较好，但相对来说也更麻烦一些。

▲干挂工艺

▲湿贴工艺

③ 直接粘贴：一般分为点粘贴法和面粘贴法两种。面粘贴法适用于薄石材，石材厚度在 8mm 以下，重量与墙砖差不多，可以用专用砂浆粘贴；点粘贴法是采用石材专用胶，点的范围不能大于 25cm，黏胶的厚度在 0.5cm 以上，这种方式适用于稍厚的石材。

▲直接粘贴工艺

泥瓦工工程验收：
检查表面更要检查细节

拓展 快速验收

泥瓦工工程验收没做好，装修效果不会好

　　泥瓦工工程是家庭装修中的一个重要环节，它关系着房屋后期能否正常使用，也直接影响到整体装修的外观，很多泥瓦工工程不合格都是由于赶工造成的，因此在泥瓦工工程验收中需要仔细核对每一个细节，控制好整体质量。提起泥瓦工，第一时间想到的肯定是铺砖的伙计，那么泥瓦工工程到底包括哪些方面呢？主要验收些什么？可以参考下表。

泥瓦工工程验收注意事项

项目名称	内容
防水层	泥瓦工进场后第一个工序是对厨房、卫生间的地面做二次防水。具体做法是基层处理后用专用材料涂抹地面，厚度保持在1.5mm以上，完工后要做闭水测试，测试防水层有无渗漏
砌墙、砖包立管	如有砌墙、砖包立管工序，墙体应平整，灰缝应饱满
墙、地砖铺贴	卫生间、阳台地面铺砖，地漏应在最低点，没有特殊原因不能有积水的现象
	地砖的缝隙须一致，地砖水平面允许有2mm的误差，砖与砖对角处应平整，允许误差为0.5mm
	墙砖碰到管道口需采用套割的形式，更美观也更实用
	厨、卫墙砖除砖与砖对角处应平整外，水平允许误差1mm、垂直允许误差2mm
	墙、地面铺贴应无空鼓现象，一面墙上不能有两排非整砖
	砖体铺贴应平整，表面洁净、色泽协调，图案对花正确

闭水试验不可忽视

家庭中所有安装地漏的房间内，在防水层干透后，都需要做闭水试验，这是为了检测防水层是否能够完全防水。如果防水层有渗漏，应该马上修补，否则日后不仅影响自家装修，也会对楼下住户造成影响。具体操作方式如下。

① 封地漏。如果地漏预留的排水管较低，首先应将地漏位置的排水口封住，可以将砂子装入塑料袋中，将其堵在排水口上，砂子的颗粒小且形状可以随意改变，能够很好地防止水流入排水口。

② 堵门口。如果测试房间与外面房间的地面等高，可用水泥将门口封住，水泥干了以后再做实验，这样可以防止水流入其他房间中。

③ 放水。水要将整个房间的地面盖住，高度为2cm左右，这样可以避免水分蒸发。放水时，与水流直接接触的地面建议放遮挡物阻挡一下，以免水压破坏防水层。

④ 等待时间不能小于24h，之后观察楼下有无渗水，若没有渗水现象则防水合格。

▲若地漏排水口位置低，可先将其堵住，而后再放满水

监工秘籍

闭水试验前先验防水层

◎闭水试验应在防水施工完成并干燥24h后进行，同时在进行前应先与楼下住户联系好，做好漏水预防和协助。

◎试验前首先应检查防水施工质量，如涂层表面是否平整光滑，有无开裂现象；阴角、阳角、地漏、排水管根部等是否进行补修处理。

墙、地砖开裂原因

很多业主购买了高档次的瓷砖，但使用一段时间后墙面、地面就会出现裂缝、翘起的现象，严重影响使用和美观。既然不是瓷砖的问题，那这究竟是由哪些原因引起的呢？

墙、地砖开裂原因检查

项目名称	内容
水泥过期	水泥出厂后，保质期是半年，若环境潮湿，则为3个月，如果超过了保质期使用，黏结力将下降很多，就容易出现空鼓或导致裂缝，不应因为水泥太普通而忽略其品质
不同标号水泥混用	注意不能将不同标号的水泥混用，混用后也会降低其黏结力，当由施工方购买材料时，一定要特别留意
砂子品质不佳	黄砂要用河砂，中粗砂，不能粗细不均
偷工减料	施工人员在砖背上涂抹的砂浆厚度不均匀，或者地面、墙面的砂浆不满，空鼓率就会增加
砂浆比例不合理	施工人员的技术不过关，铺砖所使用的砂浆比例和胶黏剂的配比不合理。一般来说干铺法铺地砖的水泥、砂子比例为1∶3，墙砖一般用湿铺法，水泥、砂子比例为1∶2，若降低水泥的比例，或搅拌不均匀，均会造成强度不够而产生裂缝
时限未到，随意走动	地砖铺贴完成后，应空置24h，如果时间未到就在上面走动，下方砂浆会流动，而造成大面积的空鼓

 监工秘籍

工人的技术很重要

◎市场上泥瓦工的技术水平参差不齐，这是一个需要经验和手艺的工种。特别是地砖的铺贴，很多家庭选择大块的800mm×800mm左右的砖体，面积越大的砖对铺贴技术的要求就越高，仪器只能测出大概的水平方位，而更重要的是工人的手感。

◎如果是自己找施工队施工，建议不要找工费特别低的，避免因小失大。

铺砖过程中的检查重点

铺砖是家装中的一项重要工序，无论面积大小，亲自监督都是必不可少的，虽然重点在于是否平整、有无空鼓，但是同时还有一些其他的事项需要注意。

铺砖注意事项

注意事项	内容
瓷砖是否要泡水	施工前监督施工人员阅读瓷砖铺贴说明书，不同品牌、不同类型的瓷砖铺贴要求是不同的。并不是所有的瓷砖都要求泡水，有的瓷砖不要泡水就不能泡；对要求泡水的瓷砖，一定要浸泡足够的时间，避免因为时间短，砖体与水泥黏结不牢固而导致空鼓、脱落
	通过泡水还可以检验瓷砖的质量，比如浸泡12h后，瓷砖的颜色比没有浸泡之前深、重量比没有浸泡之前重，那么说明瓷砖吸水较多，代表质量较差
吃浆要充足	铺砖时，要求施工人员用手轻轻推放瓷砖，使砖体与地面平行，排除气泡；而后用木槌轻轻敲击砖面，让砖底吃浆充足，防止产生空鼓；之后再用木槌敲击使其平衡，并用水平尺测量，随时调整，确保水平
砖缝应符合要求	砖缝是否有设计要求，如有，应按照要求操作；若没有要求，一般砖缝的宽度不宜大于1mm，同时缝隙应均匀
天气干燥，墙面宜喷水	若施工时天气特别干燥，应提醒施工人员向墙面喷水，保持湿度，可以减少空鼓率
检查空鼓，及时返工	当砖铺贴好12h后，用空鼓锤轻轻敲击砖面，如果有沉闷的"空空"声，证明有空鼓出现，应及时返工
阳角[①]处理方法	可以使用收边条来避免阳角破损，例如用不锈钢条、铝条等进行包边，或者将瓷砖磨成45°角进行拼接

① 阳角：指装修过程中，在墙面、柱子上等凸出的部分，瓷砖与瓷砖形成的一个向外凸出的角。

检查勾缝的重要要点

砖铺设完成后,砖与砖之间还会留有缝隙,需要使用勾缝材料将缝隙填平,可以避免灰尘、脏污的堆积,也能够使砖看上去更立体、更有层次。工序虽然不复杂,但一定要把好质量关,如果施工人员操作不规范,砖缝就容易变黑、变黄,严重影响美观。

勾缝的规范操作

条目序号	内容
①	贴完瓷砖,需要等水泥干透后再进行勾缝,最少为48h,如果为阴雨天还需要更长时间,若过早,勾缝容易脏、易松动
②	进行勾缝前要将砖体表面擦拭干净,尤其是使用水泥勾缝时,粘上尘土容易使缝隙发黑
③	调填缝剂时加水要适量,并搅拌均匀,之后静置10min左右再使用
④	对于深色填缝剂,应尽量避免超出砖缝太多,粘在砖体上的填缝剂要尽快用干净的棉纱擦去,不能用湿布擦,若清理不干净可以用草酸试试
⑤	勾缝过程中需要耐心,需要顺着方向均匀地施工
⑥	等待填缝剂干透以后,可以在缝隙表面涂一层蜡,能够封闭填缝剂,避免变黑

▲勾缝须平整、结实,缝隙的宽窄要一致,最好用塑料十字架定位

这样做防水才能"滴水不漏"

泥瓦工工程验收难题解疑

防水层施工有什么要求？

1. 施工环境要求

① 防水涂料一般都属于易燃品，摆放时应远离火源。

② 施工空间内需要有足够的照明和通风，如果温度在5℃以下或遇下雨的情况则禁止施工。

③ 操作人员需要有专业资格证，穿平底鞋作业。

④ 严禁无关人员进入施工空间中，除了施工需要的材料和工具外，不得有其他杂物，以免损坏防水层。

2. 地面基层处理

涂刷防水层之前，基层一定要先进行找平处理，找平效果的好坏直接影响涂料涂刷水平。地面、墙面不平，会使防水涂料薄厚不均而导致开裂、渗漏。

3. 坡度要求

卫生间地面找平后的坡度建议为2%～5%，即距离地漏每增加1m，高度增加2～5cm。完成后可将乒乓球放在地面上，以自动滚向地漏为合格。

4. 防水涂料施工要求

① 施工前确保基层整洁、干燥。

② 施工完毕，要求涂料涂满面层、无遗漏，厚度达到材料说明中的要求。

③ 涂料与基层结合牢固，干透后没有裂纹、气泡和脱落现象。

5. 涂料不宜过厚

防水涂料的层数可以根据涂料的特点而具体决定，如果刷两次后还没有完全覆盖住，可以增加层数，但并不是越厚越好，太厚很容易开裂。

6. 墙面防水要点

卫生间的墙体如果是非承重墙，或者没有淋浴房，淋浴墙面防水涂料要刷到1.8m高，非淋浴墙面防水涂料要刷到30～50cm高，以防积水渗透墙面导致返潮。

7. 第一、二层方向不同

涂刷防水涂料时，第一层统一向着一个方向刷，等第一层没有干透但手摸不会粘手时就应开始刷第二层，如果完全干透可洒少量水，使两层结合得更紧密。刷第二层时，方向应与第一层相反或垂直。

隔断墙用什么方式施工比较好？

什么是隔断墙？装修砌隔断墙要注意这些

1. 不同隔断墙的特点

很多居室因结构不符合居住习惯需要进行调整，除了拆墙外还需要砌隔断墙。砌隔断墙最常见的材料有三种，分别为红砖、轻质砖和轻钢龙骨，具体可根据需要选择。

不同材料隔断墙的特点

材料	特点
红砖	优点：墙体结构牢固，防潮、隔声效果好，适合小面积的隔断墙
	缺点：载重量比较大，只能建在楼下的梁上方，施工进度慢，墙体面积大时不建议使用
轻质砖	优点：重量轻、强度高，耐水抗渗、施工快捷，适合高层
	缺点：隔声、防火效果比红砖墙差
轻钢龙骨	优点：施工简单、快捷，墙体较轻
	缺点：隔声差，如果用在卧室等私密空间，需要在中间加隔声棉，但不够环保，承重低

2. 砖砌隔断墙的重点

砌好的隔断墙后期还要进行装饰，基层的好坏直接会影响后期的装饰，砖砌隔断墙的监工重点如下。

砖砌隔断墙的重点要求

序号	要求
①	施工前，提前 2 天将砖润湿，不要现浇现用，严禁直接使用干砖
②	砂浆要现用现拌，且应在搅拌后 3h 内用完，如果气温高于 30℃，应在 2h 内用完
③	砂浆出现硬化时应停止使用，不能加水后继续用
④	水泥砂浆中添加塑化剂会降低墙体的抗压强度，最好不要添加，一定要添加的话，要对配比比例进行测试
⑤	若采用铺浆法砌隔断墙，铺浆的长度不能超过 750mm；若施工期间温度超过 30℃，铺浆长度不能超过 500mm

包立管有什么讲究吗？监工的重点在哪里？

1. 什么是包立管

包立管是将厨房、卫生间等一些用水量、排水量较大的空间——下水管道和给水管道的立管，用装修材料将其隐藏起来，使其更美观、整洁。常见的有砌块包立管、木龙骨包立管、轻钢龙骨包立管和铝塑板包立管四种方式。

2. 瓦工负责的工序

砌块包立管属于瓦工负责的范畴。砌块包立管是指用红砖或砌块将管道包裹起来，因为面积小，很多业主都会觉得很简单，忽视这个步骤的监督，其实大有学问。

砌块包立管的监工重点

条目序号	内容
①	砖体材料要经洒水、沾湿后使用，才能与水泥结合得更紧密
②	将老墙凿毛，而后植筋，即在两层轻体砖间每隔 500mm 加一道钢筋与原墙体连接，入墙的两端用胶水固定，可确保新墙体与旧墙体之间不开裂
③	包立管完成后应晾干，外面挂一层铁丝网，之后进行抹灰并拉毛处理再铺砖
④	包立管的时候尽量紧贴管道，减小占地面积，并记得预留检修孔

▲将钢筋弯曲后，两端插入旧墙体之中

▲完工后外层要挂铁丝网，记得预留检修孔

梅雨季节可以进行泥瓦施工吗？需要注意些什么？

不建议梅雨季节进行泥瓦施工，遇到阴雨天进行地面铺砖时，最好在水泥表面覆盖好牛皮纸或塑料布等物，同时尽量令其远离水源，以防止受潮或浸湿后结成块状。但抹好的水泥还是会受到潮湿空气的影响，令凝固速度减慢。所以铺贴完地砖后，不能马上在上面踩踏，应设置跳板以方便通行。

 监工秘籍

梅雨季节泥瓦施工注意事项

◎ 水泥结块不能用。梅雨季节空气比较潮湿，水泥很容易结块，如果出现这种现象说明水泥已经失效，黏结力很差，容易碎裂脱落。

◎ 瓷砖泡水可缩短时间。梅雨季节空气比较潮湿，瓷砖泡水的时间可以少于平日，浸泡1~1.5h即可。

◎ 找平更重要。在梅雨季节，水泥干燥速度要慢于平时，所以找平要求更高一些，如果基层不平，砖体更容易脱落。

◎ 注意水泥砂浆比例。为了节省水泥，施工人员平时可能会减小砂浆中水泥的比例，如果梅雨季节中这么做，将降低砂浆的黏结强度，很容易造成开裂、脱落的现象。

第三章 泥瓦工现场施工

朋友家铺了木地板,但是总有一层白灰,是什么原因?

打扫房间时,木地板上总是会有一层白灰,哪怕是用拖布拖地以后,地板干了也会残留白色污渍。

通常来讲,一踩木地板就冒出的白灰,是施工工人在找平地面时打磨地面产生的。在铺设木地板时,如果地面没有清理干净,人踩在木地板上,木地板下残存的白灰就会冒出来。

避免木地板起白灰的正确施工方法

序号	内容
①	无论是铺砖还是木地板,铺设前都要对地面进行找平,水泥的厚度一般为 3~4cm,由于施工人员的技术水平不一,允许有一定的误差
②	用 2m 长的靠尺,在 2m^2 的地面上交叉测量,若下方缝隙大于 3mm,则视为不平,不能进行下一工序; 如果不予理睬,继续铺木地板,很容易出现空响、翘曲不平、起白灰等现象
③	在墙面上弹出水平线; 在地面上画出若干个与墙面水平线平行的点; 将水泥和砂子搅匀,拌成砂浆,铺设地面; 在水泥砂浆未完全干透时,进行"收光"[①]处理; 晾干时应采用阴干的方式,每天洒一些水在地面上,避免快干

① 收光:收就是紧或压的意思,把水泥砂浆压实收紧,减少水泥砂浆本身的间隙,减小开裂的可能;光就是光面的意思,达到光亮、平整,所以也叫压光、紧光。

我想在卫生间铺无缝砖，贴砖时是不是不需要留缝？

1. 无缝砖也要留缝

无缝砖指砖的侧边为 90°角的墙砖，因为边缘垂直，所以两块砖对接时，可以没有缝隙。

它包括一些大规格的釉面砖及玻化砖，特点是尺寸大，对缝小，比起有缝砖更美观。

虽然叫作无缝砖，在铺贴过程中还是建议要留缝隙，特别是温度变化大的地区，瓷砖本身也有热胀冷缩的特点，如果完全不留缝隙，很可能会开裂、翘起。

2. 找经验丰富的施工人员

无缝砖的面积较大，讲究铺贴平整，一定要调整整体缝隙，对施工工艺要求高，因此建议请经验丰富的施工人员施工，如果没有做过，很难做得好。

3. "十字架"不可少

使用"十字架"来辅助留缝，能够保证接缝平直、缝隙均匀。它有很多型号，例如 1mm、2mm、3mm、5mm 等。

 监工秘籍

无缝砖的缝隙宽度

◎ 若在厨房、卫生间的墙上铺贴无缝砖，砖的缝隙一般留 1~1.5mm，不应小于 1mm。

◎ 若地面也采用无缝砖，铺贴时缝隙通常为 1.5~2mm，砖体的尺寸如果较大，缝隙一般为 2mm 左右，缝隙过大会影响美观。

◎ 缝隙的宽度还应结合当地气候来确定，可与有经验的施工人员一起商讨。

勾缝到底是用白水泥还是填缝剂？有什么区别？

自己做美缝，竟然省了 3000 元钱

勾缝的种类

填缝剂和白水泥都用于勾缝，填缝剂也是以白水泥为主料，但另外加入一些无机染料搅拌而成，为干粉状材料，所以性能略好于白水泥。

▲从左至右分别为白水泥、填缝剂和美缝剂的填缝效果

三种材料的区别

名称	内容
白水泥	分为普通白水泥和装饰性白水泥两种，其白度低、粘贴强度低，易粉化，填缝后易变黄，在潮湿环境里特别容易滋生霉菌，价格低
填缝剂	白度和强度都高于白水泥，防霉菌，粘贴强度高，可清洗。填缝剂颜色多样，白色填缝剂与白水泥一样，容易变黄，很多人都选择黑色的填缝剂，彩色的填缝剂没有光泽度，适合与仿古砖搭配
美缝剂	填缝剂的升级版，彩色品种的装饰性和实用性都高于填缝剂。它不单独使用，而是需要将其涂在填缝剂的表面，可以美化缝隙，并保护填缝剂

门槛石能够完全阻挡水流向过道吗?

1. 门槛石可挡水

如果地面全部做完找平处理后,卫生间、厨房等常用水的空间与过道、客厅等空间高度相同,建议在卫生间、厨房门口安装门槛石,当水漫布地面时,可以起到阻挡作用,避免流向其他空间。

▲门槛石的位置比两侧的地面都凸出一些,能够有效地阻止水漫延到其他空间

2. 别忘了止水线

即使安装了门槛石并且高度足够,还是不能够阻止水流向其他空间,是因为缺少了止水线。

止水线也叫止水坎、挡水坎,是用纯水泥在卫生间、厨房门口做的高1~2cm的U形小坎,位于门槛石的下方。门槛石缺了它则不能完全阻挡水流。

3. 做止水线的时间

止水线施工的最佳时间是在卫生间的闭水试验完成后,让施工人员操作,完成后在四周涂上防水胶。虽然止水线的工序简单,时间不长,但却能够解决大问题,一般工人师傅都会乐于帮忙。

第四章 木工现场施工

木工现场施工是家庭装修中的核心工程，施工内容包括木作隔墙、木作吊顶、木作墙面造型、现场制作柜体以及软包施工等。其施工顺序是先制作隔墙和吊顶，然后制作墙面造型和软包，最后进行柜体的制作和安装。木工现场施工对每一个施工环节的技术要求和细节要求都很高。

小家装修早知道：
施工验收视频篇

吊顶施工：
封板前隐蔽工程一定要合格

3min 告诉你吊顶木工的秘密

　　吊顶施工是木工工程中的核心环节，有着多种不同的施工造型，施工简单、容易操作的是平面吊顶施工，施工难度高、细节复杂的是实木梁柱和井格式吊顶施工。在施工的过程中，造型设计越复杂、涉及的材料越多，施工的复杂程度就会越高。

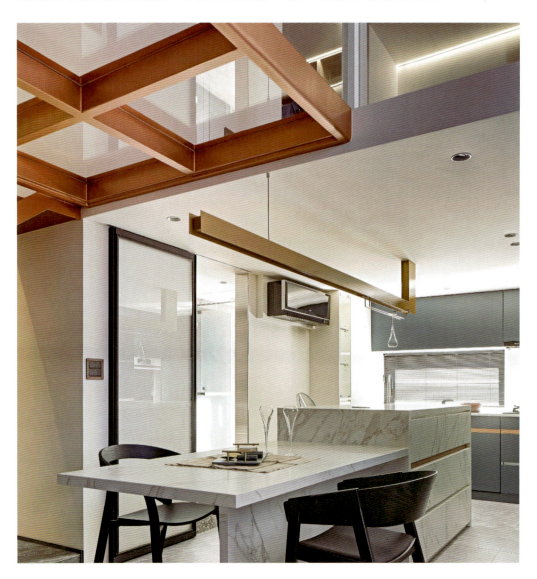

步骤一 熟悉图纸，检查现场实际情况

了解图纸中吊顶的长、宽和下吊距离，然后结合现场实际情况，判断根据图纸施工是否有困难，若发现不能施工处，应及时解决。

步骤二 弹基准线

采用水平管抄出水平线，用墨线弹出基准线。对局部吊顶房间，如原天棚不水平，则吊顶是按水平施工还是顺原天棚施工，应在征求设计人员意见后由业主确定。

步骤三 弧形吊顶造型应先在地面放样

弧形吊顶造型应先在地面放样，确定无误后方能上顶，应保证线条流畅。

装修选木龙骨还是轻钢龙骨

步骤四 安装龙骨

① 吊顶主筋为不小于 30mm×50mm 的木龙骨，间距为 300mm，必须使用膨胀螺栓固定。

② 膨胀螺栓应尽量打在预制板的板缝内，膨胀螺栓的螺母应与木龙骨压紧。

③ 吊顶主龙骨采用 20mm×40mm 的木龙骨，用 $\phi 8 \times 80$mm 的膨胀螺栓与原结构楼板固定，孔深规定不能超过 60mm。每平方米不少于 3 颗膨胀螺栓，次龙骨为 20mm×40mm 的木龙骨。主龙骨与次龙骨拉吊采用 20mm×40mm 的木方连接，所有的连接点必须使用螺栓或自攻螺钉合理固定，不允许单独使用射枪钉固定。

④ 拉吊时必须采用垂吊、斜吊混用的方法。吊杆与主次龙骨接触处必须涂胶，靠墙的次龙骨必须每隔 800mm 固定一个膨胀螺栓。

▲轻钢龙骨安装

▲木龙骨安装

步骤五　检查隐蔽工程，线路预放到位

① 吊顶骨架封板前必须检查各隐蔽工程的合格情况（包括水电工程、墙面楼板等是否有隐患问题或有残缺情况）。

② 检查龙骨架的受力情况、灯位的放线是否影响封板等。中央空调的室内盘管工程由中央空调专业人员到现场试机，检查是否合格。

③ 龙骨架的底面应水平、平整，误差要求小于1‰，超过5m时拉通线，最大误差不能超过5mm，橱柜嵌入式灯具必须打架子。

步骤六　吊顶封板

① 使用纸面石膏板前必须弹线分块，封板时相邻板留缝3mm，使用专用螺钉固定，沉入石膏板0.5~1mm，钉距为15~17mm。应从板中间向四边固定，不得多点同时作业。板缝交接处必须有龙骨。

▲吊顶封石膏板

② 封5mm板前必须根据龙骨架弹线分块，确保码钉钉在龙骨架上面，5mm板与龙骨架接触部位必须涂胶，接缝处必须在龙骨中间，封3mm板时底面必须涂满胶水后贴在5mm板上，用码钉固定，与5mm板的接缝必须错开，3mm板间留2~3mm的缝。

③ 安装封板时，灯具线路应拉出顶面，依照施工图在罩面板上弹线定出筒灯位置，拖出线头。

步骤七　检查吊顶水平度

检查整面的水平度是否符合要求。拉通线检查不超过5mm，2m靠尺检查不超过2mm，板缝接口处高低差不超过1mm。

木地板铺装：
地面不平影响施工质量

木地板铺装有三种不同的工艺，分别是龙骨铺贴法、悬浮铺贴法和直接铺贴法。三种木地板铺贴工艺各有优势，应视具体的空间情况来选择施工方式。从施工难易程度上辨别，直接铺贴法相对简单，龙骨铺贴法和悬浮铺贴法则相对复杂。

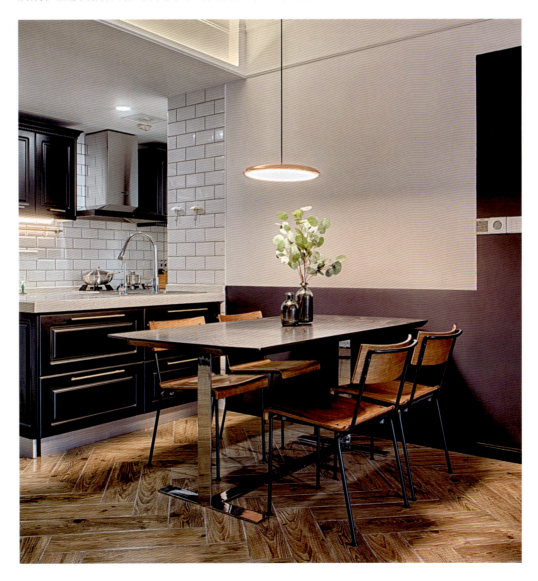

步骤一　地面找平

地面的水平误差不能超过 2mm，若超过则需要找平。如果地面不平整，不但会导致踢脚线有缝隙，整体地板也会不平整，并且有异响，还会严重影响地板质量。

步骤二　基层加固处理

对问题地面进行修复，形成新的基层，避免因为原有基层空鼓和龟裂而引起地板起拱。

▲基层加固处理

步骤三　撒防虫粉，铺防潮膜

① 防虫粉主要起到防止地板被虫蛀的效果。防虫粉不需要满撒地面，可呈 U 字形铺撒，间距保持在 400~500mm 即可。

② 防潮膜主要起到防止地板发霉变形等作用。防潮膜要满铺地面，甚至在重要的部分可铺设两层防潮膜。

▲撒防虫粉

▲铺防潮膜

步骤四 挑选地板颜色并确定铺装方向

在铺装前,需将地板按照颜色和纹理尽量相同的原则进行摆放,在此过程中还可以检查地板是否有大小头或者端头开裂等问题。

步骤五 铺装地板

① 从边角处开始铺装,先顺着地板的竖向铺设,再并列横向铺设。

② 铺设地板时不能太过用力,否则拼接处会凸起来。在固定地板时,要注意地板是否有端头裂缝、相邻地板高差过大或者拼板缝隙过大等问题。

▲铺装地板

步骤六 安装踢脚线

① 踢脚线厚度必须能遮盖地板面层与墙面的伸缩缝。

② 安装时应与地板面层之间留 1mm 的间隙,目的是不阻碍地板膨胀。

③ 木质踢脚线阴阳角处应切割角后进行安装,接头处应锯割成 45°角固定。

▲踢脚线打胶

▲安装完成

软包施工：
墙面基层记得涂防腐涂料

软包好看，但是施工起来并不简单，通常第一步都是对墙面进行找平。软包的施工一定要注意对木龙骨做好防腐、防火的处理，这样后期居住起来可以减少很多安全隐患。

步骤一　基层处理

墙面基层应涂刷清油或防腐涂料，严禁用沥青油毡做防潮层。

步骤二　安装木龙骨

① 木龙骨竖向间距为400mm，横向间距为300mm；门框竖向正面设双排龙骨孔，距墙边100mm，孔直径为14mm，深度不小于40mm，间距为250~300mm。

② 木楔应做防腐处理且不削尖，直径应略大于孔径，钉入后端部与墙面齐平；如墙面上安装开关插座，在铺钉木基层时应加钉电器盒框格。最后，用靠尺检查龙骨面的垂直度和平整度，偏差应不大于3mm。

▲安装墙面横龙骨

▲安装墙面竖龙骨

第四章　木工现场施工

步骤三　安装三合板

在铺钉三合板前应在板背面涂刷防火涂料。木龙骨与三合板接触的一面应抛光，使其平整。用气钉枪将三合板钉在木龙骨上，三合板的接缝应设置在木龙骨上，钉头应埋入板内，使其牢固平整。

▲安装三合板

步骤四　安装软包面层

① 在木基层上画出墙、柱面上软包的外框及造型尺寸，并按此尺寸切割胶合板，按线拼装到木基层上。其中胶合板钉出来的框格即为软包的位置，其铺钉方法与三合板相同。

② 按框格尺寸，裁切出泡沫塑料块，用建筑胶黏剂将泡沫塑料块粘贴于框格内。

③ 将裁切好的织锦缎连同保护层用的塑料薄膜覆盖在泡沫塑料块上，用压角木线压住织锦缎的上边缘，在展平织锦缎后用气钉枪钉牢木线，然后绷紧展平的织锦缎，钉其下边缘的木线。最后，用锋刀沿木线的外缘裁切多余的织锦缎与塑料薄膜。

▲安装软包面层

▲安装完成

101

小家装修早知道：
施工验收视频篇

门窗安装：
门套矫正不能省

如何让落地窗更加安全

　　门窗安装主要指室内的套装门、推拉门以及防盗门和户外窗的安装工艺。其中，套装门以及推拉门的实际安装数量较多，防盗门以及户外窗的安装数量较少。但从难易程度上区分，户外窗的安装施工更复杂和危险，推拉门的安装则较为简单和迅速。

步骤一　组装门套

　　① 门套横板压在两竖板之上，然后根据门的宽度确定两竖板的内径，比如门宽为80cm，两竖板的内径应该是80.8cm。

　　② 内径确定后，开始用气钉枪固定，可选用5cm钢钉直接用枪打入。

　　③ 左右两面固定好后，可用刀锯在横板与竖板连接处开出一个贯通槽（方便线条顺利贯通上去）。

　　④ 请注意门套的正反面均需开贯通槽，开好后，由两人抬起，将门套放入门洞。

▲测量门的内径

▲气钉枪固定

▲开贯通槽

▲门套固定

步骤二 门套矫正

① 先根据门的宽度截三根木条,比如门宽 80cm,木条的宽度应该是 80.8cm,取门套的上、中、下三点,将木条撑起,需注意木条的两端应垫上柔软的纸,防止矫正的过程中划伤门套表面。

② 在门套的侧面,选上、中、下三点分别打上连接片,连接片可直接固定在门套的侧面,厚 3.2cm 的门套有足够的握钉力,完全可以承重,保证连接片将门套与墙体紧紧连接,甚至不用发泡胶粘连都可以。

③ 先固定外侧门套部分,可选用 3.8cm 的钢钉,将连接片的另一头固定在墙体上,固定时将连接片斜着固定在墙体上,这样装好线条后,可以保证连接片不外露,既牢固又美观。

▲固定木条,矫正门套

▲衔接处垫上纸片

▲固定连接片

▲倾斜安装

步骤三 **安装门板**

① 固定前可将支撑木条暂时取下,方便门板出入,待门安装上后再支撑起。先将合页安装在门板上,然后在门板底部垫约 5mm 的小板,将门板暂时固定在门套上面。

② 门板固定好后,可取下底部垫的小木板,试着将门关上,调整门左右与门套的间隙,根据需要将间隙加以调整,形成一条直线,宽 3~4mm,然后依次将连接片与门套、墙体固定好。

步骤四 **安装门套装饰线条**

① 切割门套装饰线条。

② 线条入槽时为避免损坏线条,可垫上柔软的纸,用锤子从根部轻轻砸入,先装两边,再装中间。

▲切割线条至合适长度

▲安装竖线条

第四章　木工现场施工

▲敲击固定

▲安装横线条

步骤五　安装门挡条

① 将门挡条切成 45°斜角。

② 将门关至合适位置，先钉门挡条横向部分，再钉竖向部分，门挡条上自带密封条，既防震又消声。

③ 将门挡条上的扣线涂上胶水，干后扣入门挡条上面的槽中。

▲切割门挡条

▲安装横向门挡条

▲安装竖向门挡条

步骤六　安装门锁和门吸

① 从门的最下方向上测量 95cm 处是锁的中心位置，左右两边皆可。

② 门吸安装在门开启方向的内侧，既可固定在墙面上，也可固定在地面上。

▲安装门锁

▲安装门吸

▲门吸固定在墙面上

木工工程验收：
要美观也要实用

木工工程验收重在细节，15条验收标准请收好

木工工程是家装工程中包含项目较多的一项工程，它不仅要美观，更要实用。如果家里的门、衣柜都需要现做而不是定制，那么就要在施工过程中严格地把好质量关。若监督不严格，在后期的使用过程中，很可能会出现物品变形、闭合不严等问题，为生活增添烦恼。

木工工程验收注意事项

项目名称	内容
龙骨隔墙	木龙骨隔墙和轻钢龙骨石膏板隔墙都属于木工的施工范围，对龙骨做好防火、防腐处理，沿顶和沿地龙骨与主体结构连接平整、垂直、牢固，罩面板表面应平整、光滑、整洁，没有缺损
吊顶制作	吊顶用木龙骨必须涂刷防火涂料，涂料应完全覆盖木龙骨面层，眼观无木质外露，涂料厚度、涂刷方法应符合相应涂料使用说明的要求
	主龙骨间距不应大于300mm，次龙骨间距不应大于400mm，木龙骨吊杆间距不应大于600mm，且应位于横向龙骨的中央
	悬臂式龙骨的挑出长度不宜大于150mm，若有特殊要求则按照设计施工，如果距离长则必须进行加固，次龙骨在连接处对接错位偏差不应大于2mm
	木龙骨安装需牢固，骨架排列应整齐、顺直，搭接处无明显错台、错位
门、窗制作	基层误差如果大于30mm，应先做找平。门套、窗套应为多点位支撑，确定横平竖直后，应用胶水填实，以加强坚固程度
	门套、窗套基层可用木方或厚胶合板冲成一定宽度的木条，也可用大芯板制作整体基层，外层贴饰面板与墙体的缝隙之间应用填充材料填实
	门套、窗套安装完毕后，应没有空鼓现象，立板应无弯曲现象，门套线与墙体表面密合
	门扇要求方正，没有翘曲，闭合严密，离地缝隙符合要求
	门扇安装须稳固，合页和门锁处应加固，面层的板材色彩和纹理应符合设计要求，开合应顺畅
	门与门框应四边平行，开合轻便

项目名称	内容
橱柜、衣柜制作	重点检验柜子的结构是否与设计图纸相符,检查各部件之间的连接是否足够稳固
	结构是否平直,弧度及圆度是否顺畅,缝隙尺寸是否符合要求
	检验柜门上钉眼是否补好,开关是否轻便、没有声音

对石膏板吊顶一定要检查开裂

在家庭装修中,石膏板是最常使用的吊顶面层的材料,它成本低、造型方便、施工简单、防火,很受欢迎。但石膏板在施工时有着严格的要求,如果技术不过关很容易造成开裂。开裂的原因有两种:一种是固定吊线的膨胀螺栓定位不对,导致吊顶固定点在活动间隙上,受力后就会开始变形;另一种是使用木龙骨为骨架时,龙骨含水率超出标准,龙骨变形导致石膏板变形。

避免石膏板开裂的施工规范

条目序号	内容
①	在做石膏板吊顶时,两块石膏板拼接应留缝隙 3~6mm,石膏板与墙面之间要预留 1~2cm 的缝隙,并做成倒置的 V 形,为预留的伸缩缝
②	如果使用木龙骨,含水率一定要达标
③	无论何种骨架,都要求安装牢固,不能有松动的地方,不能随意地加大龙骨架的间距
④	石膏板的纵向各项性能要比横向优越,吊顶时不应使石膏板的纵向与覆面龙骨平行,而应与龙骨垂直,这是防止变形和接缝开裂的重要措施
⑤	石膏板安装很讲究,不应强行就位,应先用木支撑临时支撑,并使板与骨架压紧,待螺钉固定完才可撤销支撑。安装固定板时,从板中间向四边固定,不得多点同时作业,应在一块板安装完毕后再安装下一块
⑥	板与轻钢龙骨的连接采用高强自攻螺钉固定,不能先钻孔后再固定,要采用自攻枪垂直地一次打入紧固
⑦	有纸包裹的纵向边可以不做处理,横向切割的板边应在嵌缝前做割边处理
⑧	施工人员应按照规范施工,固定吊件的膨胀螺栓位置要选准确,不要在两块板的缝隙处,板接口处需装横撑龙骨,不允许接口处板"悬空"

铝扣板吊顶安装要点

◎ 厨房、卫生间、阳台这些家居空间中，通常会选择铝扣板吊顶。铝扣板吊顶变形、破损的概率小，易安装、易维修，需要注意的是在出厂时面层会贴一层保护膜，施工时一定要先去掉保护膜再安装。很多施工人员为了追求速度都是先安装后再去膜，这样容易使板材变形。保护膜用多少撕多少，剩余板材可以退货。

◎ 铝扣板吊顶的安装有一定的顺序，应先安装浴霸、热水器、排风扇和油烟机，这样可以避免先装铝扣板而电器安装不合适，还要拆板的情况发生。

◎ 当灯具较重或较大时，应该用龙骨加固灯具，避免长时间压迫引起吊顶变形。

◎ 卫生间内如果使用单独的排风扇，不建议安装在吊顶上，因为排风时会引起顶部空腔的共振，使声音变大而形成噪声。

◎ 铝扣板可以在墙面施工完毕后再安装，这样能够避免铝扣板沾染灰尘，减少清洁项目。

对木门注意变形检查

虽然买门省事，还节省了施工步骤，但一般情况下购买的门还是不如特别设计的造型整体感强，而且购买的门的内部结构业主并不能见到，有的人就会觉得不放心，还是想要让木工来现场做门。但对做的木门一定要严把质量关，否则很容易出现变形、开裂等问题。

木门质量要求

条目序号	内容
①	选用的板材含水率一定更要符合要求，一般应小于11.8%，含水率越低，成品越不容易变形
②	施工时一定要按照规范进行，制作完毕后，应立即涂刷一遍底漆，防止材料受潮变形，尤其是在潮湿的地区
③	门与门套是组合使用的，也会互相影响，门套安装必须牢固、横平竖直，两者之间的缝隙应符合规范要求
④	安装合页时应双面开槽，安装牢固
⑤	所有涂刷涂料、胶的地方必须涂刷均匀

监工秘籍

推拉门的安全最重要

◎推拉门美观实用，在家装中出现得越来越频繁，而有的施工人员为了美观，加大了推拉门的尺寸，但没有安装防撞条，导致推拉门不结实，很容易被撞坏。

◎对尺寸偏大的推拉门一定要多使用防撞条，即横挡，可以在使用过程中更好地保护玻璃，避免玻璃破碎而危害人身安全。

◎安装时一定要将下轨道嵌入地面中，或者选择上轨道的推拉形式。

木工制作橱柜的检查要点

购买整体橱柜，款式时尚，且省时省力，但很多业主可能会觉得市场上出售的橱柜价格略贵，想要由木工现场制作橱柜以节省开支。与购买橱柜不同的是，市场上的橱柜都经过专业设计师的设计，使用上更符合人体工程学，满足人们的使用需求，售后也比较完善。

自己制作的橱柜需要施工人员的技术熟练、操作规范，同时高度、分层等都要自己来

▲木工制作的橱柜，基本框架为木质

定，所以要特别精心，避免使用不便。建议在制作之前多看一些自己喜欢的款式，对常用尺寸做到心中有数，再结合自己的实际需求对橱柜进行设计。

自主设计橱柜的注意事项

条目序号	内容
①	因为地柜中管道较多，所以在设计时要合理地分配地柜内各部分空间，过小或过大都不利于使用
②	吊柜门设计成向上开启的款式使用更方便，也可以避免碰头；地柜可以多设计抽屉，取用物品更方便，建议在平开门内使用金属篮，即使深处的物品也能轻易取放

续表

条目序号	内容
③	对于地柜，既可以安装柜脚，也可以直接使用踢脚板，安装柜脚容易积灰，柜底不易清洁，安装踢脚板能够避免这种现象，看起来也更整体、更美观
④	门板四周所用的封边线建议单独购买，且记得在同等品质的情况下，货比三家
⑤	木工制作的橱柜多数使用板材为框架，因为厨房比较潮湿，所以建议板材涂刷防腐涂料后再使用，特别是经常接触水的区域

DIY（自己动手制作）厨房常用设计尺寸

名称	尺寸/mm	名称	尺寸/mm
地柜高度	780～800	柜体拉篮	150、200、400、600
地柜宽度	600～650	灶台拉篮	700、800、900
吊柜宽度	300～450	踢脚板高度	80
吊柜高度	600～700	消毒柜（80L、90L）	585×600×500
吊柜底面与操作台的距离	600	消毒柜（100L、110L）	585×650×500

🔧 人造石台面验收时注意开裂

目前橱柜台面使用最多的材料是人造石，人造石色彩多样、装饰效果好且具有良好的防渗透性，没有辐射，环保，易加工，将两块台面打磨后接在一起，没有缝隙，但是自重大，如果施工不严格，很容易开裂、变形。可以采用以下方法来预防。

（1）安装地柜前先测水平度

无论是购买橱柜还是现场制作橱柜，在安装和制作地柜前，都应先将地面清理干净，而后用水平尺测量地面、墙面的水平度。若橱柜与地面不能完全平行，柜门的缝隙就无法平衡，很容易出现缝隙或者开合不完全的情况。

（2）找出基准点

L形或者U形地柜，安装或制作前需要先找出基准点。对于L形地柜，基准点在拐角处；对于U形地柜，则是先将中间的一字形柜体确定好，而后从两个直角处向两边延伸，如此操作可以避免出现缝隙。之后对地柜进行找平，通过地柜的调节腿调节地柜水平度；如果是木工制作的地柜，则找平边框。

（3）地柜连接很重要

整体橱柜安装时需要对地柜与地柜之间进行连接，这一步很重要，一般柜体之间需要4个连接件进行连接，以保证柜体之间的紧密度。

一定要注意不能使用质量较差的自攻螺钉进行连接，自攻螺钉不但影响橱柜的美观度，而且连接不牢固，影响整体坚固度。

（4）安装吊柜前先画线

无论是购买还是自制，吊柜都需要安装，安装吊柜前需要在墙上固定膨胀螺栓，首先在墙面上画出水平线，以保证膨胀螺栓的水平度。

通常地柜与吊柜的间距为650mm左右，可根据使用者的身高做调整，而后确定膨胀螺栓的位置。

（5）吊柜也需调整水平

安装吊柜同样需要用连接件将柜体连接起来，需要保证紧密、坚固。

吊柜安装完毕后，同样需要调整吊柜的水平度。通过确定吊柜的水平度可以避免因不平而导致变形，否则会影响整体美观。

（6）最后安装台面

通常来说，台面安装会与柜体的安装相隔一段时间，等待面层涂料涂刷完成后再安装，这样有利于避免地柜安装后出现的尺寸误差，保证台面测量尺寸的准确，使台面更合适，减小变形率。

人造石台面开裂预防方法

① 安装台面之前，在地柜的顶面部分用做了防腐处理的大芯板或者实木条做衬底，尤其是操作区，建议多铺一些，避免因为切菜的力道大而导致台面开裂、变形。

② 安装时，要在台面探出边缘的部分开一道槽，可以避免台面上的液体流入地柜。

③ 注意辨别台面的质量，掺杂了其他杂质的人造石刚度会下降，更容易变形、开裂，甚至面层不能防止污渍渗透。

（7）橱柜检验标准

橱柜可以说是家里使用频率非常高的柜子，其质量检验应细致、严谨，可从以下方面进行。

橱柜检验标准

条目序号	内容
①	柜板表面平整洁净，色泽一致，无明显脱胶、裂缝、爆口现象
②	相邻门板之间缝隙应小于 3mm，开启、关闭时无相互碰撞现象，视觉上平直
③	上、下柜体安装结实，抽屉、柜门开启灵活，摇晃无松动
④	所有五金件运行自如，没有异常声音
⑤	面板应平整，无破损、无龟裂，四边无锯齿状，整体无色差
⑥	平整度最大公差每米 ≤ 2mm，台面宽度名义尺寸公差 ≤ ±4mm，长度名义尺寸公差 ≤ ±6mm

木工工程验收难题解疑

混油门和清漆门的结构有什么区别吗？感觉做门很复杂，制作过程中有什么监工重点？

1. 木门结构
　　木门面层可分为混油门和清漆门两种，混油门的组成为木龙骨或厚夹板龙骨基层，外贴五合板面层；清漆门的组成为木龙骨或厚夹板龙骨三合板基层，外贴饰面板。

2. 先复尺再备料
　　现场制作木门时需要先进行现场复尺，与施工人员根据安装好的门套确定门的大小、设计款式，而后备料。材料进场后检验材料是否符合设计要求，是否合格，全部没有问题后开始制作。

3. 基材质量要求
　　木龙骨含水率不大于 12%，5mm 以下的薄夹板、9mm 以上的厚夹板不能存在变形、裂缝、变色、脱胶（层）、潮湿、表面凹凸等缺陷。应表面平整，薄厚一致。

4. 面层饰面板质量要求
　　面层饰面板厚度不应小于 3mm，颜色、花纹尽量相似，木纹流畅，薄厚一致。对于木饰线，实木收口规格、颜色、花纹应尽量相似，不得有腐朽、疤节、劈裂、扭曲等缺陷，款式与设计相符。

木门施工的规范操作

项目名称	内容
基层制作	为保证木龙骨或厚夹板龙骨制作质量，应用压刨将挑选好的木龙骨（30mm×25mm）或厚夹板龙骨进行刨制，应顺纹刨削，不要戗槎，尺寸应满足制作要求，不要刨过量
下料	根据复尺确定好的门扇制作尺寸减去四周收口木方厚度10mm，为骨架下料净尺寸。下竖向三根长料时，两边为门高的净尺寸，中间一根为门高的净尺寸减去50mm；下横向短料时，用宽的尺寸减去两边龙骨厚度50mm
开咬扣槽和变形缝	咬扣槽：下好料后将龙骨按尺寸整齐排放在平整的地面上，根据骨架尺寸，划出咬扣开槽位置中心线即骨架交叉中心线，以中心线为准向两边均分量25mm划出开槽位置，线深15mm，用小电圆锯将咬扣槽开出，并用扁铲修整。开出的咬扣槽应尺寸正确、深浅一致、平直方正、表面平整，骨架四边龙骨不用开槽
	变形缝：为预防骨架变形，而将龙骨双面错位锯15mm深的缝，间距150mm左右。所有横向龙骨都应在竖向龙骨之间打2~3个直径8~10mm的孔，错开咬扣槽及变形缝，门上、下边打3~4个8~10mm的孔，利于潮气疏散流通，减少门变形
拼装	以上工序完成后即可进行拼装，将凹槽龙骨互相咬合，并用1in（1in=2.54cm，下同）圆钉或F30枪钉固定，再将四周龙骨用2in圆钉或T50枪钉固定，固定处刷胶，厚夹板龙骨四周应附加一层龙骨
	拼装完成后进行检查：规格尺寸是否正确、形状是否方正、表面是否平整，如有偏差应及时修整，最后将龙骨中线全部引到龙骨外面，以便封面板使用，并在安锁位置加钉300mm长、90mm宽的锁木，以便安锁时开锁孔

注：清漆门的拼装工艺与混油门的相关内容相同。

 监工秘籍

木门制作技术要点

◎制作骨架时，应横平竖直，四个角皆成90°。

◎门扇制作完成后在干燥过程中须受力均衡且干燥透彻，这一步非常重要，可以降低变形概率。

◎安装前须将门扇水平放置在干燥通风的地带，以免因放置不平引起变形曲翘。

◎粘贴饰面板时只能使用纹钉式射钉固定，不能使用直钉。若直钉钉头过大，做油漆时腻子痕迹会过于明显，影响美观。

◎清边粘贴封口实木线条时，要打满胶并注意修边时不能伤及饰面板。

◎门扇安装后应平整、垂直，门扇与门套平行，门套与门扇上方间距为2mm，两侧为2.5~3mm，下缝隙为5~8mm，下缝隙要大于上缝隙，缝隙允许偏差为+0.5mm。

卫生间的门正对大门，做成隐形门时有什么需要注意的？

1. 隐形门更美观

很多户型中，卫生间的门都会正对大门，因此就有了隐形门的出现。隐形门就是将门设计成周围墙体造型的一部分，或者与墙面一样的白色，使其隐藏，更美观。

▲隐形门更美观，若遇到卫生间的门正对大门或电视墙上有门的情况，可以做成隐形门

2. 变形后开关成问题

如果在卫生间中使用隐形门，因为卫生间比较潮湿，若门的质量不达标，很可能会变形。并且隐形门大多表面没有把手，导致开门时需要用手抠。时间长了浅色门会有一块特别脏，优点变成了缺点。

3. 规范制作，避免变形

隐形门通常都没有门套、门锁、把手等，一般直接用合页固定在墙面上，表面材质多根据周围的墙体变化，或刷漆，或贴墙纸等。

隐形门比柜门重，所以合页质量一定要达标，建议采用自动闭合合页或缓冲合页，一定不能用柜门的铰链。

除此之外，制作门扇时材料的含水率一定要达标，并涂刷防腐材料，降低受潮变形的概率。

第四章　木工现场施工

买门和现场制作门，怎么选择好一些？

买门和现场制作门的优劣
　　现在市场上门的种类非常多，价格差别也很大，很多人想要购买成品门，但又觉得可能现场制作的门更能符合整体设计，于是犹豫不决。两者各有优劣，可以结合自家的实际情况而进行具体选择。

买门和现场制作门的区别

名称	内容
买门	优点：整体品质及细节部分、油漆效果、环保方面优于制作门；监工方面更省心；安装工期短；套装门特别是品牌门，为了销售业绩和稳定客户群，售后服务通常做得很完善
	缺点：比较产业化，与制作门相比，个性和色彩方面要略逊；施工过程无法监工
制作门	优点：制作过程能够在现场监工，颜色和样式能够与家中其余设计更协调，效果比较自然、个性
	缺点：需要用很多材料，不能完全保证环保；如果施工人员手艺不精，门很容易变形；安装时间长，从制作到完成需要用大约半个月时间；基本没有售后服务

 监工秘籍

买门时的注意事项

◎选烘干料而不要自然风干的。烘干料即经过干燥处理的木料，不易变形。

◎选热压工艺的。木门通过热压工艺成型、实木封边机机械封边、砂光机平整砂光，平整、牢固、美观，质量更好、更耐用。

◎价格不能过低。价格过低的门，其材料不能保证安全、环保，且质量也不能保证，买门时不要仅仅比价格，还要比质量、比环保性。

◎尽量选择合页外露的门，若断裂则能够早发现。

115

制作、定制或者购买成品家具，哪种方式更好一些？

1. 制作还是购买

家装业主通常会遇到这样的问题，家具到底是制作好还是买现成的好。其实两者各有利弊，可以结合经济状况具体选择。

2. 制作家具的隐患

如果房屋装修后有充足的时间晾晒，且时间、资金充足，可以选择制作家具。

在现场让施工人员制作家具对施工人员的手艺要求较高，且还要有丰富的经验，否则很容易出现粗制滥造的现象，可能是有意为之，也可能是经验不足而导致的。

还可能出现施工人员实际无法操作但以经验丰富为借口而私自更改设计图的情况，例如将复杂一些的线条、造型改成简单、不耗工时的，业主的开销不变，但完成品却可能变得不伦不类。

制作、定制和购买家具的区别

名称	内容
制作	优点：可以根据户型量体裁衣，成品造型独特，更能满足自己的喜好和需求，与家里其他装修效果能更协调。能够充分利用空间，同时可把那些影响美观的各种管道等凸出物隐藏进去，掩饰房屋结构的不足
制作	缺点：新古典家具等造型过于复杂的家具可能没有办法制作；价格略高一些；延长工期；会使用胶类材料，需要充足的时间晾晒，做好后返工较难
定制	优点：除了有制作家具的优点外，定制的家具通常采用三聚氰胺板以现场拼接的方式完成组装，工期短且比较少用胶类，安全、环保，有问题可随时调换
定制	缺点：特别复杂的款式无法完成，五金件要另外计价
购买	优点：家具的颜色、款式等可选择性更多一些，遇到打折活动时价格会非常优惠。一些做工要求高的欧式古典家具、传统中式家具等也比较容易买到
购买	缺点：没有办法充分地利用空间，尺寸方面可能不会完全适合，挑选时耗费的精力较多

木工制作的家具完成后有哪些检验重点?

1. 检验工艺

检查家具每个构件之间的连接点的合理性和牢固度,每个水平、垂直的连接点必须密合,不能有缝隙、不能松动。

柜门开关应灵活,回位正确。玻璃门周边应抛光整洁,无崩碴、划痕,四角对称,扣手位置端正。

各种塞角、压栏条、滑道的安装应位置正确、平实牢固、开启灵活、回位正确。

2. 门板高低应一致

柜子的门板安装应相互对应,高低一致,所有中缝宽度都应一致,开关顺畅,没有滞留感、没有声音。

3. 结构要端正、牢固

观察家具的框架是否端正、牢固。用手轻轻推一下,如果出现晃动或发出吱吱嘎嘎的响声,说明结构不牢固。要检查一下家具的垂直度和水平度,以及接地面是否平整。

4. 线条要顺直

所有的木制家具做好后,上漆之前应线条顺直,棱角方直,钉帽不能裸露。

安装位置正确,割角整齐,靠墙放置的木制家具与墙面应能够紧贴。

5. 分隔要合理

所有家具中的分隔板,尺寸都应符合设计图要求,不能擅自改动。特别是衣柜和鞋柜,应重点检查。

如果家具内部空间划分不合理,很可能出现大衣挂不下或者鞋柜中没有放靴子的位置的情况,虽然事小,但使用中却十分不便利。

6. 抽屉、缝隙的细节

抽屉:拉开抽屉 20mm 左右,能自动关上,说明承重能力强。

缝隙:所有线条与饰面板和板碰口缝不超过 0.2mm,线与线夹口角缝不超过 0.3mm,饰面板与板碰口不超过 0.2mm。

7. 转角、拼花的细节

家具中所有弧形转角的地方，都要求弧度顺畅、圆滑，如果弧线造型有多排，除有特殊要求外，弧度应全部一致。

拼花的花色、纹理方向应与设计图相符，对花严密、正确，有缝隙设计的要求宽度符合规定，否则应没有缝隙。

▲此阶段的木工活验收包括除涂刷涂料项目的所有细节部分，应谨慎对待

我家衣柜面积比较大，可以直接固定在墙面上吗？

衣柜与墙体固定要注意防潮

很多业主会选择将制作的大衣柜与墙面固定，使其更稳定，效果更整齐。然而这一步并不能随意操作，如果不按照规范操作会导致衣柜迅速变形。

将木板与墙体连接时，应在木板两侧分别安装一条木线固定，防止界面的膨胀系数不同而开裂、变形。千万不要因施工人员贪图省事，而将木板直接固定在墙上。

柜体与墙体的接触面要做防潮、防火处理，特别是有梅雨季节的南方，这样处理可以降低柜体受到潮湿墙面的影响。

第五章 油漆工现场施工

油漆工是家庭装修中最后进场的工种，施工内容分为两个部分：一个是墙面漆施工；另一个是木作漆施工。墙面漆施工有严格的顺序和步骤要求。油漆工施工时需要我们做好监工，以便及时发现问题及时解决。

石膏、腻子基层施工：
晾干期间最好不进行其他施工

　　石膏、腻子基层施工的目的是处理墙面平整度，创造出利于涂刷乳胶漆或者粘贴壁纸的施工环境。其中，石膏主要用于墙面局部找平，对凹陷较大的墙面进行填补；而腻子则需要满墙施工，并且需要进行打磨、晾干等工艺处理。

第五章　油漆工现场施工

步骤一　基层粉刷石膏

根据平整度控制线，满刮基层粉刷石膏。应按照说明书上的要求，将墙面固化剂、水、粉刷石膏按照一定的比例搅拌均匀，并在规定的时间范围内使用完毕。如果满刮厚度超过 10mm，需要再满贴一遍玻纤网格布后，再继续满刮基层粉刷石膏。

▲基层粉刷石膏找平

装修到底要不要刷
墙面固化剂

步骤二　面层粉刷石膏

基层粉刷石膏干燥后，将面层粉刷石膏按照产品说明要求搅拌均匀，满刮在墙面上，将粗糙的表面填满补平。

▲面层粉刷石膏找平

步骤三　刮第1遍腻子

第 1 遍腻子厚度控制在 4~5mm，主要用于找平，平行于墙边方向依次进行施工。要求不能留槎，收头必须收得干净利落。

步骤四 阴阳角修整

刮腻子时，要求阴阳角清晰顺直。阳角用铝合金杆反复靠杆挤压成形；阴角采用专用工具操作，使其清晰顺直。

▲阴阳角要求平直

步骤五 墙面打磨

尽量用较细的砂纸，质地较松软的腻子一般用 400~500 号的砂纸，质地较硬的墙面（如墙衬、易刮平）用 360~400 号砂纸。打磨完毕应彻底清扫墙面，以免粉尘太多，影响漆层附着力。墙面凹凸差不得超过 3mm。

步骤六 刮第2遍腻子

第 2 遍腻子厚度控制在 3~4mm，第 2 遍腻子必须等底层腻子完全干燥并打磨平整后再施工，平行于房间短边方向用大板进行满批，同时待腻子 6~7 成干时必须用橡胶刮板进行压光修面，来保证面层平整光洁、纹路顺直、颜色均匀一致。

▲墙面打磨施工

▲刮第二遍腻子

步骤七 晾干腻子

晾干腻子一般需要 3~5 天，在此期间，室内最好不要进行其他方面的施工，以防对墙面造成磕碰。在晾干的过程中，禁止开窗。

乳胶漆施工：
涂刷 3 遍以上

这样刷涂料，才不会"辣眼睛"

乳胶漆施工需要等墙面腻子刮完、完全晾干后开始，乳胶漆一般需要涂刷 2 遍以上，常用的施工方法有涂刷、滚涂和喷涂三种。

步骤一　涂刷第 1 遍乳胶漆

① 涂料在使用前应用手提电动搅拌枪充分搅拌均匀。如稠度较大，可适当加清水稀释，但每次加水量应一致，不能稀稠不一。

② 将涂料倒入托盘，用涂料滚子蘸料涂刷第一遍。滚子应横向涂刷，再纵向滚压，将涂料赶开，涂平。

③ 滚涂顺序一般是从上到下，从左到右，先远后近，先边角、棱角、小面后大面。要求厚薄均匀，防止涂料过多而流坠。

步骤二 涂刷第2遍乳胶漆

① 操作方法与第1遍涂刷时一样。

② 使用前充分搅拌，如不是很稠，则不宜加水，以防透底。漆膜干燥后，用细砂纸将墙面上的小颗粒打磨掉，磨光滑后清扫干净。

乳胶漆怎么刷才不会脱落掉皮

步骤三 涂刷第3遍乳胶漆

① 操作方法与第1遍涂刷时一样。

② 由于乳胶漆膜干燥较快，应连续迅速地操作，涂刷时从一端开始，逐渐刷向另一端，要上下顺刷，互相衔接，后一排笔紧接前一排笔，避免出现干燥后接头。

支招！ 排刷、滚涂和喷涂三种施工工艺对比

① 排刷工艺最省料，但比较费时间，墙面效果最后是平的。由于乳胶漆干燥较快，每个刷涂面都应尽量一次完成，否则易产生接痕。

▲排刷施工工艺

② 用滚涂工艺进行施工时，一次性涂刷面积大，可以提高涂刷效率，节约时间和人力，但相对于喷涂，施工速度略慢，另外边角位置难以涂刷到位。

▲滚涂施工工艺

③ 喷涂在墙面上的涂料会形成平顺、致密的涂层，施工效果比较自然，速度快、省时，但是有缺陷时不太容易修补。

▲喷涂施工工艺

壁纸施工：
做好墙体处理

其实，贴壁纸并没有那么复杂，相反，壁纸施工比其他装饰材料的操作更简单，装饰效果也更好。对于贴壁纸来说，墙体属于隐蔽工程，如果不重视，将壁纸贴到墙上以后，会出现一系列问题：贴完不久就霉迹斑斑、内部气泡密密麻麻、翘边问题总是出现……所以在贴壁纸之前一定要做好墙体处理。

 步骤一　调制基膜，在墙面上均匀涂刷

① 基膜是一种专业抗碱、防潮、防霉的墙面处理材料，将其涂刷在墙面上，能有效地防止施工基面的潮气、水分及碱性物质外渗而导致的壁纸发霉。

② 刷基膜时一般先要准备好盛基膜的容器，加入适量的清水，搅拌均匀，调到合适的浓度，以备涂刷。

③ 利用滚筒和笔刷将基膜刷到墙面基层上面。可以先用滚筒大面积地刷，边角地方则用笔刷刷，以确保每个角落都刷上基膜。壁纸基膜最好提前一天刷，如果气温较高，基膜在短时间内能干，也可以安排在同一天。

▲倒入基膜　　▲搅拌基膜　　▲墙面滚刷　　▲避开插座电源线

步骤二　调制壁纸胶水

壁纸胶水一般是通过调配胶粉和胶浆制成的。调制的方法是将胶粉倒入盛水的容器中，调成米粉糊状，放置大约半个小时。如果调稀了，再加一点胶粉。最后用一根筷子竖插到容器里试试，不会马上倒则说明胶水浓度合适，然后再加入胶浆，拌匀，以增加胶水黏性。

▲倒入胶粉　　▲搅拌胶粉　　▲加入透明胶浆　　▲搅拌均匀

步骤三　裁剪壁纸，涂壁纸胶

① 测量墙面的高度、宽度，计算需要用多少卷壁纸，同时确定壁纸的裁切方式。

② 根据测量的墙面高度，用壁纸刀裁剪壁纸。裁剪好的壁纸需要按次序摆放，不能乱放，否则壁纸会很容易出现色差问题。一般情况下，可以先裁 3 卷壁纸进行试贴。

③ 将壁纸胶水用滚筒或毛刷刷涂到裁好的壁纸背面。涂好胶水的壁纸需面对面对折，将对折好的壁纸放置 5~10min，使胶液完全渗入纸底。

▲测量壁纸　　▲裁切壁纸　　▲试拼，对接花纹　　▲壁纸标记

▲按次序堆放　　　　　　▲滚涂壁纸胶　　　　　　▲壁纸对折

步骤四　铺贴壁纸，修理边角

① 铺贴的时候可先弹线保证横平竖直，铺贴顺序是先垂直后水平，先上后下，先高后低。铺贴时用刮板（或马鬃刷）由上向下、由内向外地轻轻刮平壁纸，挤出气泡与多余胶液，使壁纸平坦地紧贴墙面。

② 壁纸铺贴好之后，需要将上下、左右两端以及贴合重叠处的壁纸裁掉。最好选用刀片较薄、刀口锋利的壁纸刀。

③ 对于电视背景墙上的开关插座位置的壁纸裁剪，一般是从中心点割出两条对角线，就会出现4个小三角形，再用刮板压住开关插座四周，用壁纸刀将多余的壁纸切除。

④ 如果有胶水渗出，需要用海绵蘸水擦除。

▲铺贴壁纸　　　▲用刮板挤出气泡　　　▲墙面阴角处理　　　▲顶面阴角处理

▲裁切十字口　　　　　　▲露出面板　　　　　　▲铺贴完成

油漆工工程验收：
检查是否规范施工

油漆工工程关系到装修的"脸面"，油漆验收该怎么做呢

俗话说"三分木工，七分油工"，可见油漆工的重要性，油漆工工程属于"面子工程"，不同水平的施工人员做出的油漆工活是千差万别的，如果木工活有缺陷，还能够靠油漆工来"化妆"弥补不足，而油漆工如果做得不好则没有后期的工序来弥补，足见其重要性。油漆工工程主要包含墙面刷乳胶漆、墙纸的粘贴和木器漆的涂刷，各自的验收标准可参考下表。

油漆工工程验收注意事项

项目名称	内容
墙面刷乳胶漆	材料均符合要求，基层处理后平整，符合墙面刷乳胶漆的要求
	涂刷次数应符合规范要求，完工后表面应平整、光滑，没有色差，彩色漆没有透底、返碱、咬色等现象
	如果用乳胶漆做线条饰面，还要检查纹理是否符合设计要求，并清晰、连贯
墙纸的粘贴	墙纸基层处理要求与墙面乳胶漆相同，墙纸要用胶粘贴，所以重点检验墙纸和胶的品质
	墙纸必须黏结牢固，无空鼓、翘边、皱褶等缺陷；表面平整，无波纹起伏
	各幅拼接应横平竖直，图案按设计要求拼接完整，拼缝处图案和花纹吻合
木器漆的涂刷	钉眼需补平，涂刷底漆后须与周围颜色一致
	清漆涂刷完成后要求涂料平整、顺滑、均匀、无皱纹、光洁，木纹清晰
	混油漆要求平整，没有透底或流坠现象，颜色均匀一致，手感光滑细腻

检查家具涂装是否规范

油漆工工程是最后的"面子工程",对施工人员的技能要求较高,只有进行规范的施工才能够获得美观的效果。家具刷漆分为清漆和混油漆两种方式,刷完清漆后可显露面板原有色彩、纹理,而混油漆则多为白色。

家具涂装验收内容

项目名称	内容
刮腻子	将打理好的平整木板用准备好的腻子进行批刮、磨光,复补腻子后再磨光即可。木器漆最好使用油性腻子,若没有,可用透明腻子;如果是混油漆,每次刮腻子之前最好涂一遍干性漆,以保证效果
打磨	用粗砂纸把需要涂刷的地方都打磨一遍,不要太用力打磨,应保持家具原来的形状
打磨	用干净的布蘸水呈半湿状态,将表面的粉末擦干净,之后拿细砂纸再重新打磨一遍,清洁粉末,这一步骤非常重要,经过这样操作,涂刷的漆附着力才更好
刷底漆	开始刷第一遍底漆,要求沿着木头的纹理均匀、平滑地涂刷,之后阴干至干透,用细砂纸把家具从头到尾再打磨一遍,这一次打磨是为了把刷得不均匀的地方打磨平,利于后面继续刷漆
刷底漆	然后刷底漆2~3遍,每一遍之后都要完全晾干,再用砂纸打磨
刷面漆	底漆处理完成后开始刷面漆,刷第一遍面漆,干透后用水砂纸打磨;再刷第二遍面漆,干透后,用细砂纸打磨,清漆打蜡,完工。如果可以,面漆最好用喷涂的方式处理

监工秘籍

水性漆无污染

◎家装常用漆料分为水性漆和油性漆两种,前者以水稀释,环保性好。后者以硝基漆、聚酯漆为主稀释,虽然漆和稀释剂都含有污染物,但涂刷效果好,所以很多业主会选择油性漆。

◎建议在家人经常活动的空间选择水性漆。

检查墙漆涂刷是否规范

墙漆,竟然还可以这样刷

墙面工程的基层处理非常重要,基层找平做得好,可以使面层的效果光滑、平整,装饰效果更佳,如果基层处理得不好,将严重影响整体效果,后期还可能会出现开裂、变色等情况。涂刷墙漆,每一步骤都有规范的要求,按照要求施工才能保证工程质量,具体操作规范可参考下表。

墙漆涂刷验收规范

项目名称	内容
铲墙皮	铲墙皮是指铲除墙面原有的装饰层,如果开发商涂刷了乳胶漆,建议铲除掉。若不了解使用材料的好坏,施工步骤也没有监理,很容易出现问题。石膏层建议保留,否则容易起皮、开裂
墙面处理	如果墙面有缝隙,应贴上纸带,否则容易开裂,而后在墙面上用石膏粘贴网格布,在隔墙和顶面石膏板的缝隙、墙壁转角处用胶粘贴接缝纸带
刮石膏	刮石膏的主要目的是找平墙面,特别是毛坯房,墙面基本都存在高低不平的情况。如果是石膏板隔墙,通过这一步可以找平补缝的地方与其他部分板面的高差
刮腻子	底漆处理完成后开始刷面漆。刷第一遍面漆,等第一遍面漆干透后用砂纸打磨墙面,然后再刷第二遍面漆。等墙面干透后,重复用砂纸打磨一遍,清漆打蜡,完工。如果可以,面漆最好用喷涂的方式处理
	第一遍腻子需要厚一些,晾干的时间可能比较长,但一定监督工人要耐心等待,完成后要达到白和平整的效果
压光	最后一道腻子在七成干的时候要进行压光,目的是让腻子更结实、更细腻,压光处理后腻子能够经得起洗刷
打磨	刮完腻子后,需要用砂纸打磨,如果是大白可以随时刮;如果使用的是耐水腻子,则需要在九成干的时候进行打磨
做保护	墙漆是最后的处理步骤,其他工序基本都已完成,为了避免弄脏其他表面,需要将制作的家具、铺完的地面用旧报纸保护起来
刷漆	涂刷底漆和面漆,通常为底漆1~2遍,面漆2~3遍,如果品牌有特殊要求请遵照说明。底漆刷完后需要打磨,且每一遍漆都应等待干透后再进行下一次涂刷

底漆和面漆检查必不可少

很多业主都知道木器漆分为底漆和面漆，而不知道乳胶漆也分为底漆和面漆，导致很多油漆工人都会有意漏刷底漆，直接涂刷面漆。刷底漆可以使基层的腻子变得更坚硬，进一步防止漆膜开裂，刷了底漆后面漆可以节省约 20% 的用量。乳胶漆涂刷方式有以下两种。

底漆究竟有什么用？刷好这一层，墙面少后患

乳胶漆涂刷方式

项目名称	内容
涂刷	此种施工方式需要的时间比较长，是最早的刷漆方式。涂刷上漆的方式，漆的厚度较薄，覆盖性更好，但是会有明显的刷子或者滚筒的痕迹。如果采用深色的乳胶漆刷墙，建议选择这种方式
喷涂	采用喷枪施工，厚薄均匀，平滑度好，干得快，但补漆不方便。喷漆喷洒的面积大，很容易沾染到其他物体上，所以采用这种方式时保护工作要做好。喷涂分为有气喷漆和无气喷漆两种方式

（1）有气喷漆

有气喷漆是指喷枪借助压缩的空气将漆喷出，设备简单、容易操作、施工速度快，但不适合用于乳胶漆的施工。缺点是材料消耗快、漆膜薄、污染大。

（2）无气喷漆

无气喷漆费用高，漆膜是有气喷漆的 3 倍厚，能够一次就达到工艺标准，漆面更光滑、细腻，主要用于乳胶漆施工。缺点是会加大漆的用量，且修补较麻烦。

乳胶漆尽量避免低温施工

◎ 乳胶漆属于水性漆，应尽量避免在低温的天气下施工。

◎ 调配好的乳胶漆要一次用完，同一个颜色也尽量一次性刷好。如果要修补，不要只补一块，一定要将整体墙面重新涂刷一次，避免产生色差。

墙漆的验收标准

乳胶漆涂刷完毕，阴干后就可以进行墙漆的验收，验收的内容主要包含以下几个方面。

墙漆验收

项目名称	内容
平整、光滑	乳胶漆涂刷完工后首先要能够保证漆膜平整、光滑，没有刷纹、流坠现象，没有掉粉、漏刷现象，摸上去没有明显的颗粒，用手触摸不会有滞留感
	墙、顶面必须平直，用2m靠尺及楔形塞尺随机抽查，水平垂直误差应小于2mm，在自然光线下无波浪起伏
色泽均匀	如果家里的乳胶漆做了花式设计，比如纯色和彩色刷拼、接色等，验收时要重点注意墙面有没有透底、返碱、咬色等现象
	透底是指由于墙面的表层没有完全被遮盖住；返碱是指墙面起霜；而咬色则指漆层的乳胶漆成分受环境影响发生了反应，导致原来的颜色变淡或是直接变成另一种颜色
衔接	还要注意检查墙面乳胶漆的施工有没有漏缝现象，乳胶漆与插座、开关面板等衔接的地方是不是平整、有没有凸起
纹理	若用乳胶漆做线条饰面，在进行验收时还要检查它的纹理是否清楚、贯通，这直接影响着墙面效果

监工秘籍

乳胶漆选色自己做主

◎白色乳胶漆施工最简单，所以工人都会建议刷白色，然而白色并不适合所有的房间，例如儿童房、老人房等，温暖一些的颜色会更舒适。彩色漆越多，施工人员越费工，如果对方包工包料，可能会极力劝说刷白色乳胶漆，这时则需要坚持己见。

硅藻泥的验收标准

硅藻泥不同于普通墙漆，它的验收有着独特的标准，可参考下表。

硅藻泥的验收标准

条目序号	内容
①	测量甲醛含量：纯正的硅藻泥甲醛含量为零
②	处理完成的纹理应没有尖锐的棱角和刺手感，用手触摸墙体会有松软感，墙体偏暖，如同常温
③	吸水性检测：可以用喷壶在同一点面上喷15次左右，以没有水流为合格
④	表面是否有明显的水印或者小缝隙，若有可以要求施工人员进行返工

油漆工工程验收难题解疑

家具、门窗涂装的监工重点事项有哪些？

1. 重点监督事项

家具涂装最怕粉尘，粉尘容易附着在漆膜表面，会造成粗糙感，影响效果，因此建议在地砖、地板完成铺设后再进行，可以降低粉尘的含量。

在涂装家具、门窗的过程中，监工重点包含以下几点：
① 同一个物体的涂装最好一次完成，否则容易出现色差；
② 潮湿的天气施工不利于漆干燥；
③ 一定要在前一遍漆干透后再涂刷下一遍；
④ 如果气温过低，不利于涂装，会影响整体质量；
⑤ 在给木门刷漆时应将铰链、合页和锁的位置用美纹纸贴住。

2. 可结合使用漆

如果现场制作家具，为了在减少有害物质散发的同时保证效果，可以选择将油性漆和水性漆结合。

家具外面容易磨损的面层使用油性漆，以保证涂装效果，内部使用水性漆，特别是大型的衣柜、储物柜等。因为有门，内部通风较差，有害物质的挥发较慢，用水性漆更安全。

漆类材料的检验有哪些重点？

1. 油漆工工程的顺序

家装中的油漆工工程包含吊顶、墙面、门窗和家具几部分，正确的涂刷顺序是：家具、门窗→顶棚→墙面。这样做是为了避免相互污染，如果先刷墙再刷家具，很容易弄脏墙面。

2. 漆也有"3C"认证

为了方便管理，通常材料都是分批进场的，除了整体工程开始前需要检验材料外，每一个工序开始前也需要检验材料。

油漆工工程是家装的最后一个大项目，大家最关心的就是质量安全，在验料时可以查验是否有"CCC"即"3C"认证标志，此为质量认证标志，带有这个标志表示基本的使用安全是国家认可的，通常出现在电线、低压电器和乳胶制品上。

3. 别忘了查计量

很多业主在检验漆类材料时往往都会重点关注环保、质量方面的问题，而忽略了计量。计量就是指重量是否合格，计量认证的标志是"CNAL"，有这个标志说明桶漆的重量与标签上的相符，含水量也合格。如果计量不合格，不仅涂刷的质量会有问题，而且要多花很多资金。

4. 简单方法验环保

环保这个问题是业主最为关心的，我们没有仪器来测量实际上的漆与包装上的是否相同，但可以采用简单的方式来检验。将漆的桶盖打开，用眼睛去感受，眼睛尽量靠近开口处，眨几下眼睛，刺眼的感觉越明显，说明有害物质越多；反之，如果没有任何感觉，说明是安全、环保的，可以让对刺激物敏感的人进行测试。

墙漆处理中最常听说铲墙皮，什么情况需要铲墙皮？

1. 什么情况下铲墙皮

铲墙皮是为了铲除墙面上原有的漆或涂料，通常适用于开发商涂刷了墙面的情况或者二手房翻新。

如果原墙面涂刷的是防水腻子，则不用铲墙皮，直接用砂纸打磨找平即可。

2. 墙面基层处理

墙面基层处理的规范操作如下：

① 准备刮刀及斧头，腻子层先淋水；

② 用刮刀开始铲除，难以铲除的地方使用斧头；

③ 遇到有缝隙的情况，要将缝隙凿一条沟，沟里刷防水胶；

④ 将抹灰石膏兑水搅拌，在防水胶上刮石膏；

⑤ 将网格布从上至下粘贴在墙面上，在网格布上涂抹石膏，开关、面板处不要涂抹；

⑥ 在石膏板隔墙和吊顶的钉眼处涂抹防锈漆，在石膏板缝隙处刮石膏，干透后刮平，用胶粘贴接缝纸带；

⑦ 经过以上处理后，等待干透，即可开始刮石膏。

3. 刮石膏时要弹线

刮石膏的主要作用是给墙面找平，后续的施工是否平整都取决于这一步。

首先是测量墙面水平度，将靠尺放在墙面上，在完全水平的地方用墨斗线弹出痕迹，之后沿着线刮石膏，石膏层表层要与线平齐，刮完后将靠尺与墙面平齐，靠尺与墙面有空隙的地方都要用石膏补齐，之后重复实施这个步骤，一直到石膏层完全平齐为止，应特别注意阴阳角处。

▲阴阳角的处理需要使用阴阳角刨刀，可以使角水平、垂直

腻子粉是不是需要兑胶？对胶类有什么要求吗？

腻子粉莫用 107 胶

为了让腻子粉在墙面上固定得更加牢固，施工人员通常会在腻子粉中掺胶，用来提高强度。家装中常用的建筑胶有107、303、801、901等型号，其中107胶含有大量的有害物质，对身体健康危害严重，是国家禁止使用的建材，但其价格低廉，所以一定要做好监督，避免偷梁换柱。如不放心，建议自己购买。

▲打磨腻子的时候，必须使用200W的灯泡照亮，更方便找平

 监工秘籍

天气冷时刮腻子要注意保养

◎ 刮腻子如果遇到气温低的天气，刮每一遍腻子后都要注意保养，没完全干透的时候，最好把窗户关好，这是为了让腻子自然阴干，自然阴干的腻子更结实、耐用，所以应避免风将腻子吹干、吹裂。

刮腻子时对于腻子有什么要求吗?

1. 腻子质量不能忽视

墙面出现问题时,普遍都会认为是漆出了问题,实际上很多时候都是底层腻子的原因。无论是自己购买材料还是装修公司供料,一定要关心腻子的强度、是否耐水等相关性能指标。

2. 腻子的质量检验

检验腻子可以在和水后观察,黏性大、细腻的品质佳。可用刮刀铲一些腻子,翻转刮刀,很快掉下来,说明黏性小;腻子干燥后淋一点水,软化、碎裂说明质量不佳。

刮腻子的注意事项

条目序号	内容
①	刮腻子之前一定要对基底按规范进行处理,否则会影响腻子的附着力
②	刮腻子的时候要掌握好工具的倾斜度,应用力均匀,保证饱满度
③	腻子不能刮得太厚,根据不同的腻子特点,一般厚度以 0.5～1mm 为佳
④	刮的方向要一致,不能来回刮,以免卷皮、脱落
⑤	腻子干透后要进行打磨,打磨时要用灯泡贴近墙面,一边打磨一边查看平整度
⑥	如果在梅雨季节施工,刮腻子前要用干布将墙面的水汽擦干,保证墙面干燥
⑦	打磨腻子时会产生大量的粉尘,如果在现场监工建议戴口罩

乳胶漆兑水有什么讲究吗？可以随意加大水的比例吗？

1. 乳胶漆要兑水

　　乳胶漆是目前运用得非常多的墙面漆类材料，为了避免颜料沉淀，通常都添加了增稠剂，使用时必须用水稀释后再涂刷，否则容易出现明显的刷痕，漆膜也不光滑。

2. 兑水按比例

　　一般乳胶漆的包装上都会有兑水比例的要求，这是厂家根据漆的特性给出的数据，非常科学，通常为20%，兑水既不能过多，也不能过少。

3. 兑水过程要监工

　　乳胶漆越稀越容易施工，常出现施工人员兑水过多而业主却没有发现的情况，导致漆被稀释过度，涂刷后颜色不均匀。兑水多还可以减少乳胶漆的用量，建议业主仔细阅读漆的说明，亲自监督工人兑水。

4. 兑水后要搅匀

　　乳胶漆兑水后要充分搅拌均匀，最好使用电动搅拌器搅拌，使水与漆充分融合，否则容易分层。

 监工秘籍

乳胶漆质量检验

◎用手指蘸取少许乳胶漆并捻动，感觉细腻为细度均匀；同时好的乳胶漆在桶内应不分层、无异味、色相纯正。用木棍搅拌，看有无沉淀、结块和絮凝的现象出现，若有以上现象，则为不合格的乳胶漆。

第六章
安装现场施工

安装现场施工一般是指对灯具或洁具的安装。它们都属于家庭装修中的后期安装项目，洁具指洗脸盆、坐便器、浴缸等卫生间用具，灯具指吊灯、吸顶灯、射灯以及浴霸等照明用具。洁具与灯具的安装施工人员不同，洁具通常由厂商或洁具商家派人安装，而灯具则由电工或灯具商家派人安装。

水龙头安装：
安装完毕后及时检查

水龙头是水阀的通俗称谓，是用于控制水流大小的开关，有节水的功效。水龙头的更新换代速度非常快，从老式铸铁工艺发展到电镀旋钮式，又发展到不锈钢单温单控水龙头、不锈钢双温双控龙头、厨房半自动龙头。但无论是哪种类型的水龙头，在安装前都要先放水，冲洗净水管中的泥沙杂质，除去安装孔内的杂物。

步骤一 连接进水管

先把两根进水管接到水龙头的进水口处,如果是单控水龙头,只需要接冷水管。

步骤二 安装水龙头

把水龙头安装到洗脸盆上,洗脸盆的安装口下面连接进水管。

步骤三 安装紧固件

把紧固件固定好,并把螺杆、螺母旋紧。

步骤四 安装完毕后进行检查

首先仔细查看水龙头出水口的方向是否垂直向下,若出水口方向不垂直,或向一侧倾斜,应及时调节、纠正,然后检查水龙头与进水管的连接处是否漏水,以及螺杆、螺母是否旋紧。

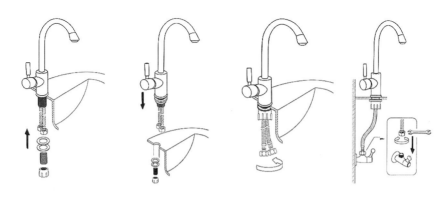

▲水龙头安装步骤图解

洗脸盆安装：
安装前一定要测量好尺寸

在较小面积的卫生间内安装洗脸盆的时候最重要的是测量好尺寸，不要因过分节约空间而影响使用感。在安装后记得进行防水测试，判断是否有漏水的情况，这样可以更放心。

1. 台上盆安装详解

步骤一 测量台上盆尺寸

安装台上盆前,要先测量好台上盆的尺寸,再把尺寸标注在柜台上,沿着标注的尺寸切割台面板,以方便安装台上盆。

步骤二 安装落水器

接着把台上盆安放在柜台上,先试装上落水器,使得水能正常冲洗流动,然后固定。

步骤三 上玻璃胶

安装好落水器后,沿着盆的边沿涂上玻璃胶,使得台上盆可以固定在柜台面板上面。

步骤四 安装台上盆

涂上玻璃胶后,将台上盆安放在柜台面板上,然后摆正位置。

台上盆的优劣

优点:

① 从外观来看,台上盆的造型多变,比内嵌入的台下盆要美观得多。优美简洁的外表可以给卫生间的"颜值"加分。

② 台上盆相当于是将台盆搁在台面上,再用玻璃胶将台上盆底部与台面粘接起来,所以安装非常简便。

③ 台上盆安装完后高于台面,其盆沿高,能防止水花四处飞溅,用起来也省心。

缺点:

① 台上盆需要占用的空间较大,如果还想在台面上放其他物品,可能会不够。

② 由于台上盆使用胶水固定,所以会出现因胶水老化脱落导致漏水的情况。

③ 台上盆接缝处相当于卫生死角,不好打理,时间久了会发霉、变黑,不断滋生细菌。

2. 台下盆安装详解

第一步	在切割图上把台下盆的图纸裁下	
第二步	将切割图的轮廓描绘在台面上	

第三步	切割台下盆的安装孔并打磨	
第四步	按照安装的水龙头和台面尺寸正确切割水龙头安装孔	
第五步	台面支架安装	
第六步	把台下盆暂时放入已开好的台面安装口内,检查间隙,并做好记号	
第七步	在台下盆边缘上口涂上密封胶后,将其小心地放入台面下,对准安装孔,与先前的记号相校准并向上压紧,使用厂家随货附带的台下盆与台面的连接件,将台下盆与台面紧密连接	
第八步	等密封胶硬化后,安装水龙头,然后连接进水和排水管件	

坐便器安装：
排污管高出地面 10mm

坐便器的安装最主要的是排污管与坐便器的连接，排污管最好高出地面 10mm 左右，以方便排水。坐便器安装完，应等到玻璃胶（油灰）或水泥砂浆固化后方可放水使用，固化时间一般为 24h。如果请的是不专业的人来安装，有时为了图省事，施工人员会直接用水泥做黏合剂，这是不行的，后期可能会导致坐便器的底座开裂，且不便于维修。

步骤一 裁切多余的下水管口

根据坐便器的尺寸，把多余的下水口管道裁切掉，一定要保证排污管高出地面 10mm 左右。

步骤二 确定坐便器坑距

确认墙面到排污孔中心的距离，确定该尺寸与坐便器的坑距一致，同时确认排污管中心位置并画上十字线。

步骤三 在排污口上画十字线

翻转坐便器，在排污口上确定中心位置并画出十字线，或者直接画出坐便器的安装位置。

▲裁切多余下水管口

▲测量坐便器坑距

▲确定排污口

步骤四 安装法兰

确定坐便器底部安装位置，将坐便器下水口的十字线与地面排污口的十字线对准，保持坐便器水平，用力压紧法兰（若没有法兰则要涂抹专用密封胶）。

步骤五 安装坐便盖

将坐便盖安装到坐便器上，保持坐便器与墙间隙均匀，平稳端正地摆好。

▲把法兰套到坐便器排污管上

▲安装坐便盖

步骤六 坐便器周围打胶

坐便器与地面交汇处，用透明密封胶封住，可以把卫生间局部积水挡在坐便器的外围。

▲坐便器周围打胶

步骤七 安装角阀和连接软管

先检查自来水管，放水 3~5min 冲洗管道，以保证自来水管的清洁，之后安装角阀和连接软管，将软管与水箱进水阀连接起来并接通水源，检查进水阀进水及密封是否正常，检查排水阀安装位置是否灵活、有无卡阻及渗漏，检查有无漏装进水阀过滤装置。

淋浴花洒安装：
阀门与弯头要进行试接

淋浴花洒既可以请工人安装，也可以自己自行安装。除了要注意先试接一下阀门和弯头外，还要注意各个部位该放的胶垫，一定不能漏放，以防漏水。

步骤一　关闭总阀门，清理污水

关闭总阀门，将墙面上预留的冷、热进水管的堵头取下，打开阀门，放出水管内的污水。

步骤二　处理阀门，缠上生料带

将冷、热水阀门对应的弯头涂抹涂料，缠上生料带，与墙上预留的冷、热水管头对接，用扳手拧紧。

▲弯头缠生料带

步骤三　测试、安装淋浴器阀门

将淋浴器阀门上的冷、热进水口与已经安装在墙面上的弯头试接，若接口吻合，则把弯头的装饰盖安装在弯头上并拧紧，再将淋浴器阀门与墙面的弯头对齐后拧紧，扳动阀门，测试安装是否正确。

▲阀门与弯头试接　　　　▲安装装饰盖　　　　▲测试安装

步骤四　试装淋浴器连接杆

将组装好的淋浴器连接杆放置到阀门预留的接口上,使其垂直直立。

步骤五　标记、安装淋浴器连接杆固定螺栓

将连接杆的墙面固定件放在连接杆上部的适合位置上,用铅笔标注出将要安装螺栓的位置,在墙上的标记处用冲击钻打孔,安装膨胀塞。

步骤六　安装淋浴器连接杆

将固定件上的孔与墙面打的孔对齐,用螺栓固定住,将淋浴器连接杆的下方拧紧在阀门上,上方卡进已经安装在墙面上的固定件上。

步骤七　弯管的管口缠上生料带,固定喷淋头

步骤八　安装手持喷头的连接软管

步骤九　清除水管中的杂质

安装完毕后,拆下起泡器、花洒等易堵塞配件,让水流出,将水管中的杂质完全清除后再装回。

地漏安装：

地漏最好低于地砖 3~5mm

　　安装卫生间地漏时地面需要进行找坡处理。地漏应该处于卫生间的最低点。坡度一般设在 5°以内，好让水能自然往下流，否则是不符合标准的。

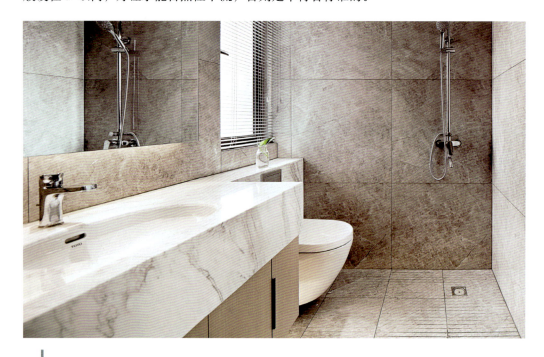

 步骤一 摆好地漏，确定其准确的位置

 步骤二 画线、标记地漏位置

　　根据地漏的位置开始画线，确定待切割的具体尺寸（尺寸务必精确），对周围的瓷砖进行切割。

 步骤三 安装地漏主体

　　以下水管为中心，将地漏主体扣压在管道口上，用水泥或建筑胶密封好。地漏上平面低于地砖表面 3~5mm 为宜。

第六章　安装现场施工

▲均匀涂抹水泥

▲安装扣严

步骤四　安装防臭芯塞

将防臭芯塞塞进地漏，按紧密封，盖上地漏箅子。

▲安装防臭芯塞

▲盖上地漏箅子

步骤五　测试坡度以及地漏排水效果

安装完毕后，可检查卫生间泛水坡度，然后倒入适量水看是否排水通畅。

▲测量坡度

▲倒水检查

浴霸安装：

通风口在吊顶上方150mm处

安装浴霸涉及水电的问题，所以，不管想安装哪种类型的浴霸，都可能需要进行水电改造，预留电路。

步骤一 准备工作

确定浴霸类型；确定浴霸安装位置；开通风孔（应在吊顶上方150mm处）；安装通风窗；吊顶准备（吊顶与房屋顶部形成的夹层空间高度不得小于220mm）。

步骤二 取下浴霸面罩

将浴霸面罩与灯泡分离，并将弹簧从面罩的环上脱开，然后取下面罩。

步骤三 接线

将接线的一端与开关面板接好，另一端与电源线一起从天花板开孔内拉出，打开箱体上的接线柱罩，按接线图及接线柱标志所示接好线，盖上接线柱罩，用螺栓将接线柱罩固定，然后将多余的电线塞进吊顶内，以便箱体能顺利塞进孔内。

步骤四 连接通风管

把伸进室内的通风管套在离心通风机罩壳的出风口上。

步骤五 安装箱体

根据出风口的位置选择正确的方向，把浴霸的箱体塞进孔穴中，用4个直径为4mm、长20mm的木螺钉将箱体固定在吊顶木档上。

第六章　安装现场施工

▲安装箱体

步骤六　安装面罩

将面罩定位脚与箱体定位槽对准后插入，把弹簧勾在面罩对应的挂环上。

▲安装面罩

步骤七　安装灯泡

小心地旋上所有灯泡，使之与灯座保持良好的接触，然后将灯泡与面罩擦拭干净。

▲安装灯泡

步骤八　固定开关

将开关固定在墙上，并防止使用时电源线承受拉力。

153

安装工程验收：

检查安装是否稳固，运转是否顺畅

装修如何省心？监理帮大忙

安装工程验收主要是对后期安装的厨卫洁具、灯具的验收。验收时着重检查使用是否正常，是否有漏电、漏水等不正常的情况。

洁具的安装验收要点

洁具的安装验收要点

序号	检验标准	检验结果	
①	洁具的种类、型号、颜色、图案等均符合要求	是	否
②	洁具安装完成后表面应平滑、无损裂，符合要求	是	否
③	需要采用托架固定的洁具，托架固定螺栓符合要求	是	否
④	与排水管连接后要牢固密实，便于拆卸，连接处不得敞口	是	否
⑤	与墙面或地面连接处已用硅胶嵌缝且嵌缝密实、无渗漏	是	否
⑥	坐便器给水管安装角阀高度符合设计要求	是	否
⑦	洁具各使用功能均正常，无任何异常现象	是	否

灯具安装的检查要点

灯具安装的检查要点

序号	检验标准	检验结果	
①	灯具的种类、型号、颜色、图案等均符合要求	是	否
②	灯具的固定符合施工规范	是	否
③	灯具的安装高度和使用电压等级应符合规定	是	否
④	所有灯具都可正常投入使用，照明灯泡没有不亮或闪烁的现象	是	否
⑤	当灯具质量超过 3kg 时，应固定在螺栓或预埋吊钩上	是	否